印刷行业清洁生产政策与技术

周长波　方　刚　李子秀　著

中国环境出版集团 • 北京

图书在版编目（CIP）数据

印刷行业清洁生产政策与技术/周长波，方刚，李子秀著. —北京：中国环境出版集团，2020.11
ISBN 978-7-5111-4511-6

Ⅰ. ①印… Ⅱ. ①周…②方…③李… Ⅲ. ①印刷术—无污染技术 Ⅳ. ①TS805

中国版本图书馆 CIP 数据核字（2020）第 236584 号

出 版 人　武德凯
策划编辑　徐于红
责任编辑　赵　艳
责任校对　任　丽
封面设计　艺友品牌

出版发行　中国环境出版集团
（100062　北京市东城区广渠门内大街 16 号）
网　　址：http://www.cesp.com.cn
电子邮箱：bjgl@cesp.com.cn
联系电话：010-67112765（编辑管理部）
发行热线：010-67125803，010-67113405（传真）
印　　刷　北京市联华印刷厂
经　　销　各地新华书店
版　　次　2020 年 11 月第 1 版
印　　次　2020 年 11 月第 1 次印刷
开　　本　787×960　1/16
印　　张　8.75
字　　数　125 千字
定　　价　39.00 元

中国环境出版集团郑重承诺：

中国环境出版集团合作的印刷单位、材料单位均具有中国环境标志产品认证；中国环境出版集团所有图书“禁塑”。

《印刷行业清洁生产政策与技术》

著作委员会

主要著者　周长波　方　刚　李子秀

参与著者　党春阁　韩桂梅　郭亚静　林雨琛　胡冬雪

序

印刷行业是我国新闻出版业与文化产业重要组成部分，也是我国国民经济重要产业部门。近年来随着国民经济、文化市场的刚性需求以及全球一体化的融合发展，印刷市场规模不断壮大，我国印刷业取得了长足的发展，逐步发展形成了集机械、光学、化学、电子技术于一体，能为轻工、食品医药、化妆品、服装等行业配套的工业类别。

“十二五”期间，我国印刷业总产值由 8 677.1 亿元增长到 11 246.2 亿元，年平均增长率为 7.9%，整体规模居全球第二位，全国印刷企业总量为 10.3 万家，从业人员 317.6 万人。印刷对外加工贸易额达到 865.2 亿元，比“十一五”期末增长 27.2%。规模以上重点印刷企业由 2 439 家增加到 3 247 家，产值占全行业的 54.1%，全国认定 94 家国家印刷示范企业。截至 2018 年年底，我国共有印刷企业 9.8 万家、从业人员 270.4 万人，印刷总产值达到 1.52 万亿元。在文化及相关 43 个产业类别中，规模以上印刷企业营业收入已占到全国文化及相关产业规模以上企业营业收入的 7.2%。我国构筑完成了依托粤港出口的珠三角、发挥综合实力的长三角和整合出版资源的环渤海三大印刷产业带，三大产业带的印刷总产值已占全国 3/4 以上。

印刷行业在不断推动我国经济发展的同时，也暴露出较为严重的环境污染问题。印刷常见工艺流程一般包括调墨、印刷、烘干、复合等。印刷、烘干以及印后加工工序所使用的油墨大部分为溶剂型油墨，含有较高浓度的挥发性组分，是产生挥发性有机物（VOCs）的重要环节；显影液、清洗液等废液，废抹布、废胶片、废页及边角料，装油墨、胶水、润版液等的废弃容器等固体废物，以及印刷噪声、静电等都会给环境带来极大的危害。

《印刷业“十三五”时期发展规划》提出：继续大力实施绿色印刷，提升产业绿色发展水平；加快绿色印刷标准体系建设，按照“源头削减和过程控制是重点、兼顾末端治理”的思路推动 VOCs 治理；实施“绿色印刷推广工程”，推动企业降成本、节能耗、减排放，制定绿色原辅材料产品目录，鼓励使用绿色材料和工艺，推动产业链协同发展。《“十三五”挥发性有机物污染防治工作方案》将印刷行业列入 VOCs 污染防治重点行业，明确提出要深入推进印刷行业 VOCs 综合治理。印刷行业面临巨大的环保压力，清洁生产已经成为推动印刷行业可持续发展与经济效益、社会效益和环境效益协调统一的重要途径。

本书分析了印刷行业发展现状、产排污特征，系统整理了有关印刷行业的政策法规、标准规范、技术指南等，分析汇总了源头削减、过程控制、末端治理的清洁生产技术，并收集了大量成功案例。我们相信，《印刷行业清洁生产政策与技术》一书的出版将给印刷企业技术升级改造、清洁生产技术应用推广和提升污染防治水平提供重要的参考依据，为印刷企业节能减排和可持续发展发挥重要作用。

本书由中国环境科学研究院清洁生产与循环经济研究中心周长波研究员、方刚工程师、李子秀工程师共同主持编写，周长波、方刚、李子秀负责全书统稿和整体修改工作。第1章印刷行业发展概况，主要由方刚、林雨琛编写；第2章印刷行业清洁生产相关政策及技术标准规范，主要由李子秀、郭亚静、党春阁编写；第3章印刷行业生产工艺及产排污环节，主要由党春阁、韩桂梅编写；第4章印刷行业全过程环境整治提升方案，主要由郭亚静、李子秀编写；第5章印刷行业清洁生产技术，主要由韩桂梅、方刚、胡冬雪编写；第6章印刷清洁生产技术及企业应用案例，主要由方刚、李子秀、林雨琛编写。感谢中国印刷科学技术研究院李家祥高级工程师、北京印刷学院陈虹教授、原环境保护部清洁生产中心主任于秀玲研究员等专家在本书的编著过程中提供的宝贵意见，感谢中国环境出版集团在本书出版过程中提供的诸多建议和指导。

受水平所限，本书所做分析及技术案例参考了诸多文献，书中不足之处在所难免，恳请广大读者批评指正。

作　者

2020 年 11 月 22 日

目 录

1 印刷行业发展概况

1.1 印刷的定义

印刷（Printing；Graphic Arts；也使用 Graphic Communications，即图形传播）是将文字、图画、照片等原稿经制版、印刷等工艺，使油墨转移到纸张、织品、塑料品、皮革等材料表面上，批量复制原稿内容的技术。《印刷技术术语 第 1 部分：基本术语》（GB/T 9851.1—2008）中将印刷定义为："使用模拟或数字的图像载体将呈色剂/色料（如油墨）转移到承印物上的复制过程。"使用印版完成图文转移的工艺技术称为有版印刷；不使用印版完成图文转移的工艺技术称为无版印刷。

1.1.1 印版

印版是用于传递油墨至承印物上的印刷图文载体。通常划分为凹版、凸版、平版和孔版等。各类印版的表面特征如下。

①平版：图文部分与空白部分几乎处于同一平面的印版，包括预涂感光版、平凹版、多层金属版等。

②凹版：图文部分低于空白部分的印版，包括手工或机械雕刻凹版、照相凹版、电子雕刻凹版、激光雕刻凹版等。

③凸版：图文部分明显高于空白部分的印版，包括活字凸版、柔性版、感光

树脂版等。

④孔版：图文部分为通孔的印版，包括誊写版、镂空版、丝网版等。

1.1.2 承印物

承印物是能接受油墨或吸附色料并呈现图文的各种物质。承印物主要包括纸张、塑料、金属、陶瓷、玻璃等。承印物纸张包括新闻纸、凸版纸、凹版纸、画报纸、地图纸、海图纸、拷贝纸、字典纸、书皮纸、书写纸、白卡纸、胶版纸、胶版印刷涂料纸及其他各种材料等。

1.1.3 印刷品的制作

印刷品的制作一般包括印前处理（图文处理与制版）、印刷、印后加工三个工艺过程。

1.2 我国印刷行业发展历程

印刷源起中国，随着中西方文化交流走向世界，对世界文化的繁荣昌盛起到了不可替代的作用。公元 105 年，蔡伦改进民间造纸方法，用树皮、敝布和渔网为原料造纸，改进了造纸术。公元 175 年，为了使儒家经典著作能够一直流传于世，人们将其雕刻在石头上。大概 500 年之后，佛教开始在东亚传播，为了进一步深化佛教的影响力，纸质佛经以及印本就此问世。大量的纸质书籍的出现，使书籍逐渐平民化，使更多的人可以接触学习文化知识，成为于国于家有用的人才。

隋唐是印刷品早期应用时期，并且出现了民间印刷作坊。在唐中后期我国已经出现雕版印刷品，主要印刷宗教类书籍、历书等印刷品。这一时期最具代表性的印刷品是咸通九年（公元 868 年）刊印的《金刚般若波罗蜜经》（图 1-1）发现于敦煌藏经洞，现存于大英图书馆。《金刚般若波罗蜜经》是世界上保存最早的有明确日期的雕版印刷品。可以看出，无论是卷首的佛画或文字，刻、印工艺都十分成熟。从历史角度看，唐代开创性地应用了雕版印刷，开启了我国文明新纪元。

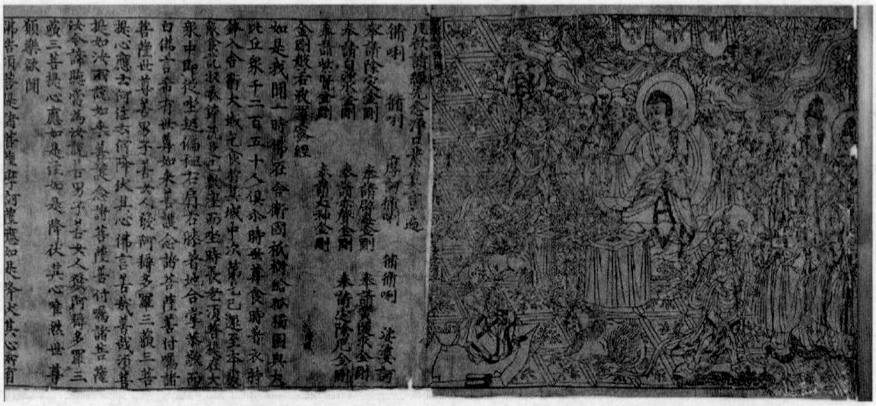

图 1-1　唐咸通九年雕版印经：《金刚般若波罗蜜经》（部分）

五代十国（公元 907—979 年）虽然只有 70 多年，却是印刷史上重要的时期。这一时期印刷内容及题材更为广泛，刻印中心分布进一步扩大。印刷物的内容不再局限于佛经和历书，开始刊印道家和儒家的经典著作以及其他的文选，并形成了几个印刷中心，如洛阳和开封、南唐时期的四川和吴越杭州等地。敦煌藏经洞中发掘的经卷、文书中，唐代印刷品量少且多有残缺，五代时期的印刷品量多且保存完好。

宋代是中国出版印刷史中出版业最具代表性、也最为繁荣的时期。隋唐五代的雕版印刷技术，经过宋代的继承和发扬之后大大提高，在同时代中堪称世界一流。宋代印刷业的规模大大超过前代，印书的数量为历朝之最，并且成立从中央到地方的印刷机构，不仅政府印刷兴盛，民间也出现了大的印刷作坊，有汴京（今开封）、杭州、成都等印刷中心，私刻和家刻也很兴盛。官方、私家与坊间三大方面，形成了颇具规模、系统规范的刻书网络，整个社会的文化风貌呈现一片欣欣向荣之景。宋仁宗庆历年间（1041—1048 年），毕昇发明了胶泥活字印刷术，这是有记载的世界最早的活字印刷术。

金朝是少数民族（女真族）执政的朝代。金朝建立之后开始学习宋代刊印典籍，他们把部分汴京的书肆和雕版印刷工人移往北方金代的刻书中心平阳。从此黄河以北的雕版印刷中心，由河南汴京地区转移到山西平阳。

元代是在马背上取得天下，其刻书远不如宋代刻书兴盛。元代刻书，有官刻、家刻和坊刻。刻书地点有大都、平阳、杭州、建宁、吐鲁番等地。元代科学家王祯（1260—1330 年）发明木活字版（亦有人支持宋代就有木活字版），王祯用木活字在 1299 年印刷了六万字的《旌德县志》100 部。

朱元璋推翻元朝统建立明朝（1368—1644 年），明代社会经济向前发展，资本主义开始萌芽，随着社会、政治、经济、文化的发展，雕版印刷事业进入一个新的发展时期。明朝时期出现了双色、四色套印的印刷品，能印出多层次的彩色印刷品。

清代是中国传统印刷事业发展的最后阶段。书籍的刻印技术在承接前代发展的基础之上，又进一步发扬光大，尤其在清朝初期，印刷事业的发展达到顶峰。清代中后期由于西方金属活字印刷传入，传统的印刷方式开始走下坡路。

中华人民共和国成立后，印刷行业的发展大体经历了五个阶段。

第一阶段：新中国成立，建立产业体系（1949—1965 年）。1949 年 10 月 1 日中华人民共和国成立，旧中国留给印刷行业的是一些残破老旧的工厂。据地方史记载，当时北京有印刷企业 280 家，从业人员 2 900 多人；上海有私营印刷企业 2 877 家，从业人员 28 880 人；广东有私营印刷企业 70 多家，从业人员 2 000 人。设备大多残旧落后，多为手摇、脚踏的印刷设备。就是在这样的基础上，印刷行业分别在人民币印刷、报纸印刷以及出版印刷等领域中起步发展。1950 年，我国第一份大量使用彩色胶片和实现彩色印刷的期刊《人民画报》出版。《人民画报》图文并茂地展示新中国成立以来所取得的成就，展现新中国的出版印刷实力。

图 1-2 《人民画报》创刊号

第二阶段：1966—1976 年。其间，全国印刷业广大干部职工坚持生产经营，在十分困难的条件下负重前行，在技术进步、骨干企业建设、重大技术研发方面取得一定进展。1975 年 5 月，由王选教授等主持的北京大学汉字信息处理研究室综合运用数学、计算机等多学科知识，研制开发成功“华光激光照排系统”，为世界上最浩繁的文字——汉字告别铅字印刷开辟了通畅大道。

第三阶段：新体制、新思维，推动新发展（1978—1999 年）。20 世纪 80 年代初，改革开放不久，印刷技术装备发展规划首度列入国家发展计划。1982 年，党中央明确提出，在国务院领导下，由国家经济委员会（以下简称国家经委）牵头解决印刷技术落后问题。同年 7 月，国家经委主任张劲夫主持了一场以“振兴中国印刷工业，改变落后面貌”为议题的会议。同年 8 月，国家经委决定设立印刷工业技术改造协调小组，由国家经委机械工业调整办公室主持，同时联合机械部、电子部、轻工部、化工部、国家出版局、中央宣传部出版局、中国科学院和国家计划委员会有关人员共同组成协调小组。1985 年 12 月，经国家经委批准，中国印刷及设备器材工业协会正式成立，并选举我国著名科学家、全国政协副主席周培源为名誉会长，国家经委印刷技术装备协调小组组长范慕韩为会长。中国印刷及设备器材工业协会的成立，是我国印刷工业走向行业管理的第一步，标志着我国印刷及装备工业的发展进入了一个新的阶段。

第四阶段：扩大开放，深化改革，加快发展（2000—2007 年）。2001 年年底，我国加入世界贸易组织（WTO）以后，国民经济进入高速增长阶段。中国印刷及设备器材工业协会深入调研，未雨绸缪，于 1998 年提出“印前数字、网络化；印刷多色、高效化；印后精美、自动化；器材高质、系列化”28 字指导方针，确定了我国印刷工业“九五”后 3 年至 2010 年的发展方向和重点，有力推动了我国印刷设备及器材工业的发展。

第五阶段：应对挑战，加快转型，提高发展质量（2008 年至今）。2008 年，全球金融危机爆发。中国印刷业面临数字印刷和环境治理两大挑战，开始进入换档提质、转型升级的新的发展阶段。印刷产业在供给侧结构性改革的阵痛中，不断实现发展动能转换。党的十八大以后，中国印刷产业保持健康平稳发展。党的十九大以后，中宣部印刷发行局于 2018 年、2019 年两次召开中国印刷业创新大会，进一步明确了印刷产业的历史方位、使命任务、发展目标、当前重点，明确了“绿色化、数字化、智能化、融合化”的创新发展导向。

1.3 印刷行业发展现状

1.3.1 国外发展现状

①2021 年全球包装产业市值将达 1 万亿美元。Smithers Pira 公司的研究报告《2017—2027 年包装印刷行业十大颠覆性力量》显示，随着人口增长和工业化地区消费者的收入增长，消费者对数字包装的需求持续上升，包装也将成为最具潜

力的市场之一。据预测，到 2021 年，全球包装产业市值将达 1 万亿美元。此外，Smithers Pira 的研究还显示，包装服务市场价值将从 2017 年的 24 亿美元增长到 2022 年的 28 亿美元，年复合增长率达 3.5%。

②2018 年欧洲单张胶印产量达 357 亿欧元。据 Smithers Pira 对欧洲印刷市场的最新研究，传统印刷设备供应商在欧洲各地不断面临挑战，印刷企业在胶印机上的投资持续减少。2018 年单张胶印产量为 357 亿欧元，较上年下降约 2%，但其销售额占整个行业的比例最大。2013—2018 年，印刷设备的实际销售额平均每年为 52 亿欧元，年增长率仅为 0.2%。另据《2018 年欧洲印刷产业联盟经济报告》，2018 年欧洲总共有超过 113 万家印刷企业、62 万名从业员工，年营业额达 800 亿欧元。

③2017 年意大利软包装行业营业额达 21.32 亿欧元。据意大利包装学院统计，2017 年意大利软包装行业营业额达 21.32 亿欧元，同比增长 1.9%，产量同比增长 2.3%，达 38.15 万 t。据数据统计，2010—2017 年，意大利软包装行业产量的年均增长率达 3.6%，而营业额年均增长率约为 4%。2017 年，食品领域仍然是软包装的主要市场，占比为 92.9%。从细分产品来看，面包和面食品是使用软包装最多的产品，占食品软包装的 20.8%，其次是鲜切水果占 21.6%、奶酪占 18.9%。在非食品领域，意大利国内洗涤行业的软包装使用率占 3.7%，制药和化妆品/香水行业占 3.8%。另据统计，意大利软包装行业主要依靠出口，2017 年出口产量占总产量的 47%，且意大利包装印刷企业在出口全包装解决方案方面已呈现出非常明确的趋势。

④2017 年美国印刷业总出货量达 1.65 千亿美元。据 Print Market Atlas 统计，目前，美国印刷业仍占全球印刷业重要地位，2017 年，美国印刷业总出货量达 1 650 亿美元，其中印刷及相关业务出货量约为 830 亿美元，印刷媒体业务出货量约为 820 亿美元。总行业企业数量 43 379 家，总行业就业机会 881 285 个。2017 年，美国印刷业发展胜过其他制造业，原因之一在于印刷厂调整自己的商业模式，以适应新的产业趋势和产业现状。另据统计，美国应用印刷的领先垂直领域为包装

食品行业、医疗医药行业、出版业、电信业、银行/保险业、房地产业、旅游接待业、汽车业、饮食业和家居装修业。

⑤2018 年进入统计范围的日本印刷企业销售额为 3 709 亿日元。据日本经济产业省对部分日本印刷企业调查，2018 年这些企业的销售额为 3 709 亿日元，比 2017 年减少 2.1%。其中，商业印刷销售额为 1 385 亿日元，同比减少 3.2%；包装印刷为 744 亿日元，同比增长 0.4%；出版印刷为 636 亿日元，同比减少 39%；办公印刷为 548 亿日元，同比减少 0.9%；建材印刷为 17 亿日元，同比增长 3%；证券印刷为 53 亿日元，同比增长 26%。在日本各种印刷方式中，平版印刷一直遥遥领先。2018 年平版印刷销售额为 2 485 亿日元，占比 67.0%。凹版印刷销售额的占比在 2008 年和 2009 年均为 15%以上，2012 年曾上升到 19.3%，2016 年为 18.3%，2018 年仅为 17.6%。凸版印刷销售额的占比 2010 年为 6.6%，2011 年为 6.2%，2013 年降为 5.9%，2016 年重新回升到 6.2%，2018 年继续上升为 7.0%。丝网印刷和柔性版印刷的占比很低，2018 年分别仅为 0.7%和 0.8%。

⑥2020 年印度包装行业市场规模将达 726 亿美元。Assocham-EY 研究显示，印度包装行业预计将在 2016—2021 年实现突出增长，到 2020 年，印度包装行业市场规模将达 726 亿美元，而 2015 年印度包装行业市场规模为 317 亿美元。快速消费品包装、药品包装将是印度包装市场的主要细分领域。

纵观全球印刷市场，亚洲印刷业发展较快，其商业印刷和广告是全球发展最快的地区。以中国、印度、印度尼西亚、巴基斯坦、韩国等为代表的新兴市场国家印刷工业保持持续快速向上的发展势头，市场总量快速提升，尤其中国和印度几乎是保持两位数的增长率。日本印刷业彻底产业化，其行业的口号是“提高科学生产力、创造最大附加值”。日本的大型印刷企业实力相当可观，全球十大印刷企业中，日本的企业就占了 4 家。其中 1 家超大型印刷企业——大日本印刷株式会社，职工人数超过 1 万人，拥有先进完备的印刷设备，始终保持着优越的技术环境。

从整体来看，全球印刷市场“东移”趋势已略有显现，信息化浪潮对传统印刷的冲击进一步加剧，行业内的企业并购也日趋活跃，各个国家不同程度出现产业集中化提高、印刷企业数量减少的情况，整个印刷市场面临新一轮洗牌。

1.3.2 国内发展现状

改革开放以来，我国印刷产业的发展日新月异，成为继美国和日本之后的第三大印刷市场。世界印刷组织把美国、日本、德国和中国称为世界四大印刷中心。近年来由于受经济转型、高科技进步等因素影响，世界印刷业格局正在悄悄转变。由于美国、日本、德国等发达国家的经济疲软，印刷产业增长速度也呈现出缓慢增长势头，而我国的经济呈现出稳步增长的态势，GDP 持续上升，民众文化生活水平大幅提高，图书、期刊等文化产品的需求量激增，因此报刊印刷行业发展繁荣。此外，我国贸易水平显著提高，与之相关的装潢包装等附属商业印刷业也得到了充分发展，在全球印刷行业占着举足轻重的分量。

作为印刷术的起源地，我国印刷业发展至今已经形成了庞大的产业体系。据原国家新闻出版广电总局印刷企业年度核验统计，2017 年全国共有各类印刷企业 9.9 万家；从业人员 281.7 万人，同比减少 8.9%；印刷总产值 12 057.7 亿元，同比增长 4.6%；利润总额 676.7 亿元，同比增长 0.2%。原国家新闻出版广电总局发布《印刷业“十三五”时期发展规划》将“由印刷大国向印刷强国的初步转变”列为“十三五”的主要目标之一，加快印刷技术的发展势在必行。事实上，我国印刷行业技术进步显著，从 1998 年起，我国印刷业技术水平已有大幅提升，相关专利申请量持续上升，截至 2017 年已达到 12 417 件。在“十三五”规划目标指引下，接下来新专利将不断涌现，申请数量有望实现新高。

（1）印刷设备情况

根据中国印刷及设备器材工业协会对全国 48 家重点印刷设备制造企业的统计，2017 年 48 家重点企业的产品销售收入约为 51 亿元。

（2）印刷器材情况

①纸及纸板。2017 年全国纸及纸板生产量为 11 130 万 t，同比增长 2.53%；消费量为 10 897 万 t，同比增长 4.59%；人均年消费量为 78 kg（按 13.90 亿人计），

与上年持平。

②胶印版材。2016 年我国胶印版材产量为 4.20 亿 m^2。2017 年，汇总行业信息分析，我国胶印版材制造业依然保持了 2016 年度的产销能力，并有 3%左右的增长。据海关总署统计，2017 年我国胶印版材累计出口量为 1.63 亿 m^2，同比增长 1.12%。其中，PS 版材出口量为 0.50 亿 m^2，同比下降 8.53%；CTP 版材出口量为 1.13 亿 m^2，同比增长 6.08%。

③柔性印刷版材。据中国印刷及设备器材工业协会统计，2017 年我国柔性印刷版材出口量为 44.1 万 m^2，同比增长 64.69%；出口额为 2 120 万美元，同比增长 74.57%；进口量为 48.6 万 m^2，同比下降 72.66%；进口额为 2 922.4 万美元，同比下降 40.27%。

④印刷油墨。据中国印刷及设备器材工业协会统计，2017 年我国印刷油墨出口量为 27 062.03 t，同比上升 5.86%；出口额为 11 340.69 万美元，同比下降 2.02%。进口量为 17 432.52 t，同比下降 6.81%；进口额为 31 350.43 万美元，同比增长 11.5%。

⑤印刷橡皮布。我国印刷橡皮布每年产销总量约 170 万 m^2。2015—2017 年整体市场基本没有大的变化，不增不减，基本稳定。随着单色胶印机的减少，目前实垫橡皮布比例越来越小，气垫橡皮布比例则越来越大。我国印刷橡皮布每年有一定的出口量，如上海新星橡皮布，出口量占总销量的 1/3，但是目前国内印刷橡皮布进出口状况还是进口远大于出口。

⑥感光胶片。2017 年，我国印刷感光胶片市场总量约为 2 500 万 m^2。

（3）印刷设备及器材进出口情况

据海关总署统计，2017 年我国印刷设备、器材与耗材进出口总额为 46.29 亿美元；进口额为 19.47 亿美元，同比上升 9.28%；出口额为 26.82 亿美元，同比上升 5.31%；实现贸易顺差 7.35 亿美元。其中，印刷设备进口额为 13.38 亿美元（印刷设备及辅助设备为 13.24 亿美元，辅助机器及零件为 0.14 亿美元），同比上升 13.01%；印刷器材进口额为 6.09 亿美元（其中油墨 3.14 亿美元，制版胶片 1.90 亿美元，柔性印刷版材 0.29 亿美元，制成供印刷用的印版、滚筒等 0.21 亿美元，

CTP 版材 0.03 亿美元，PS 版材 0.004 亿美元），同比上升 12.99%。

（4）我国新闻出版业基本情况

2018 年，全国共出版图书、期刊、报纸、音像制品和电子出版物 465.27 亿册（份、盒、张），同比降低 4.11%。其中，出版图书 100.09 亿册（张），同比增长 8.28%，占全部数量的 21.51%；期刊 22.92 亿册，同比降低 8.03%，占 4.93%；报纸 337.26 亿份，同比降低 6.96%，占 72.49%；音像制品 2.41 亿盒（张），同比降低 5.74%，占 0.52%；电子出版物 2.59 亿张，同比降低 7.99%，占 0.56%。全国出版图书、期刊、报纸总印张为 1 937.18 亿印张，同比降低 4.14%。

（5）绿色印刷基本情况

在国家相关主管部门的绿色印刷政策引导之下，我国的绿色印刷事业取得了初步成效，在促进节能减排、调整印刷产业结构、惠及社会民生等方面，取得了重要的阶段性成果。政策及市场要求印刷技术更加环保，要求包装耗材不断环保和节约，要求印刷品废弃后易于回收再利用，可自然降解，实现无污染、低污染包装。据估算，印刷企业因实施各项环保措施，能耗及材料综合成本每年节省约 5 亿元，挥发性有机物（VOCs）的排放量每年约减少 1.5%，绿色印刷认证企业数量目前只占全国印刷企业总量的 0.15%，但其产值却占全行业的 4.5%。总体来看，我国印刷业正在走向“数字”“按需”“绿色”和“集约”，在产业转型中不断寻求突破与发展。

1.3.3 国内三大印刷产业带概况

经济全球化是大势所趋，产业集群现象越来越成为一种世界性的经济现象。就我国的印刷业来说，改革开放 40 多年来，印刷产业集群的迅猛发展带动了印刷产业的发展，集群不但吸引了大批人才，还促进了高新印刷技术的使用。最初，印刷企业在一些地方的集聚只是中小企业寻求低成本运作的自发行为，当几十家乃至上百家印刷企业集聚在一起后，集中了各家印刷企业的生产能力，具备不同专长的企业在互补合作上具有很大的便利，使得它们有条件承接一些单凭一家企业很难完成的印刷业务。当在地理上的集聚所带来的集群效应渐渐明显后，产业集聚便带上了自觉的色彩。从印刷产业集群的地理分布来看，它们都较为集中地分布在三大印刷产业带上，即珠三角、长三角和环渤海印刷产业带。三大印刷产业集群集中分布的地区都是我国经济非常发达、文化繁荣发展的地区，这些地方都具有交通便利、人才和劳动力集中分布的优势，集政策优势、资金流向、对外开放、优化的资源配置等优势为一体。而经济、文化的繁荣则带来了多层次、潜力巨大的印刷消费需求，因此，印刷企业在这些地区得以蓬勃发展。由于不同地区在经济发展水平、社会环境和文化上的差异，这三大印刷产业带各具特色。

（1）珠三角印刷产业带

以广东为中心的珠三角地区是我国印刷业发展得最好的地区之一，这一地区的印刷业总产值大约占全国的20%，对外加工贸易额则一直占全国的70%以上。珠三角地区的印刷包装产业主要集中在深圳、东莞、中山、佛山、汕头等地。这一地区印刷业兴起的基础在于其临近香港的优越的地理位置。珠三角地区是改革开放的前沿地带，20 世纪 80 年代以来，这一地区出台了很多优惠政策以招商引资，优越的政策环境以及当地低廉的劳动力成本，吸引了大批香港企业到珠三角地区投资建厂。约 70%的香港印刷企业转移到珠三角地区，香港四大上市印刷企业的生产基地都设在珠三角，给珠三角地区的印刷企业带来了大量的资金和先进的技术。目前珠三角地区已锁定世界印刷中心的目标，初步形成国际印刷中心。

（2）长三角印刷产业带

随着长三角地区整体经济的繁荣，以上海、江苏、浙江为中心的长三角地区已经成为中国印刷版图上的重要力量，呈现出了突飞猛进的势头，其竞争优势日渐突出。伴随着许多跨国企业的亚太中心、全球采购中心纷纷入驻以上海为龙头的长三角地区，其区位优势日渐明显。不同于珠三角地区的香港下单、内地生产的模式，为了合理配置资源，长三角地区的这些外企会将全部或者部分全球印刷业务交给本地区的企业来做，这些来自全球的包装印刷业务需求潜力巨大，为长三角地区印刷业的发展提供了有利条件。目前，长三角地区印刷企业拥有的印刷装备已经接近世界先进水平，技术能力也在不断提高。

（3）环渤海印刷产业带

在以北京、天津为核心的环渤海经济区内，印刷产业正在加快增长。北京是全国最大的出版物基地，这里集中了全国 41%的出版社、20%的期刊和 10%的报社，书报刊出版总量占全国的 30%～40%。近些年，环渤海地区的印刷业保持了较高速的增长。这得益于北京地区以文化创意产业为代表的第三产业的快速发展，为环渤海地区印刷业的发展带来了广阔的市场空间。但是，从总体来看，环渤海地区的印刷产业发展相对落后于珠三角地区和长三角地区，该区域内没有重量级的“三资”企业和民营企业，外向型企业和规模大的企业都比较少，尚未形成完善的印刷制造业配套体系。

1.4 印刷行业发展的主要问题

印刷业在我国有较广泛的发展范围，在其经济发展与商业前景上均有很广阔的发展空间，但与欧美及日本等发达国家相比，仍存在较大差距，主要表现在生产效率低、企业规模小、环境污染等。

（1）印刷行业过分依赖劳动力，生产效率低

我国印刷行业仍属于劳动密集型产业，生产效率偏低，人工成本在企业生产成本构成中比例偏高。印刷具有提高商品附加值、提高产品档次、增强消费等功能和作用。但与发达国家相比，我国印刷业的人均产值仍然很低，甚至还不到发达国家的 1/10。生产效率的提升一方面需要加快企业技术革新与改造，另一方面需要整体提高从业人员的素质。

（2）小企业偏多，少有龙头企业

我国印刷行业企业资产和规模较小，90%以上的印刷企业为中、小、微企业，企业相对比较分散。沿海等发达地区印刷企业规模较大，但无龙头企业；内陆等地区印刷企业的规模相对较小，存在低档次、重复建设等现象，许多企业没有自

己的特色，高新技术在印刷企业的运用比重还很低。

（3）环保压力越来越大

印刷的实现要依托其工艺流程，印刷的工艺流程决定印刷产品的质量、成本，也造成一系列污染。印刷行业的印前、印中、印后工序均会产生废气、废水和固体废物。环境污染是阻碍印刷行业可持续发展的最大“瓶颈”。

党的十八大以来，党中央从战略和全局的高度对生态文明建设和生态环境保护提出一系列新思想、新论断、新要求，印刷行业相关环保法规不断完善，印刷行业面临的环保要求越来越严格。

1.5 我国印刷行业环境污染问题的主要表现

（1）客观方面

①源头控制力度不足，低 VOCs 含量原辅材料源头替代措施明显不足。据统计，我国工业涂料中水性、粉末等低 VOCs 含量涂料的使用比例不足 20%，低于欧美等发达国家 40%～60%的水平。

②无组织排放问题突出，尤其是中小企业管理水平差，排污环节多，无组织排放特征明显。

③治污设施低效。治理技术适用性差异大，技术选择和系统匹配性要求高，而我国印刷行业目前治污设施建设质量良莠不齐，应付治理、无效治理等现象突出。

④运行管理不规范，需要全面加强过程管控，实施精细化管理，但目前企业普遍存在管理制度不健全、操作规程未建立、人员技术能力不足等问题。

⑤监测监控不到位，企业自行监测质量普遍不高，点位设置不合理、采样方式不规范、监测时段代表性不强等问题突出。

（2）主观方面

①思想观念方面，我国印刷企业的生产管理者长期受粗放型经济增长模式的

熏陶，在管理印刷企业的过程中难免循规蹈矩，不敢创新。更甚者，有些企业的领导者和管理者认为，印刷企业的主要任务在于企业订单和生产效益的快速上升，在环境保护、污染治理等工作上只要抓住“末端治理”，实现污染物达标排放就可高枕无忧。对实施清洁生产和节能的积极性不高，认识也不到位。

②组织管理方面，长期以来我国的环境保护和企业生产发展在管理上是分开的，政府部门各司其职，经济管理部门只抓生产管理，环境保护部门只抓污染治理，无疑阻碍了污染治理的最佳时机和清洁生产的高效顺利进行。

③我国中、小型印刷企业居多，这类企业多数因管理者的管理水平低、新清洁技术认识不足，导致企业污染密集，形成资源结构和企业规模的不经济性，以印刷工艺的印刷前阶段的显影、印刷中阶段的油墨和润版剂、印刷后阶段的粉尘材料污染等过程引起的水污染最为严重。

④执法方面，我国环境执法的力度比较薄弱，印刷企业的排污收费标准不尽合理，对污染严重的企业税收征收额度不足，处罚力度不强，致使个别不法企业铤而走险、有恃无恐，造成违法行为的出现，对环境造成危害。

2 印刷行业清洁生产相关政策及技术标准规范

2.1 印刷行业管理机构

印刷行业已形成市场化的竞争格局，各企业面向市场自主经营，政府职能部门依法管理。印刷行业的政府主管部门是国家发展和改革委员会及中共中央宣传部（该部分职责原为国家新闻出版广电总局主管），行业自律组织为中国印刷技术协会和地方印刷协会等，上述机构和组织主要职责见表 2-1。

表 2-1　印刷行业主管部门、自律组织及职责

机构	主要职责
国家发展和改革委员会	负责研究拟定整个印刷行业的规划、行业法规以及经济技术政策，组织制定行业规章、规范和技术标准，实施行业管理和监督
中共中央宣传部	制定新闻出版事业、产业发展规划、调控目标和产业政策并指导实施，制定全国出版、印刷、复制、发行和出版物进出口单位总量、结构、布局的规划并组织实施，推进新闻出版领域的体制机制改革，负责印刷业的监督管理
中国印刷技术协会、地方印刷协会	作为政府与企业间的桥梁与纽带，为企业技术创新和高科技技术产业化的各种需求提供服务，及时反映会员企业的正当需求，维护会员的合法权益

2.2 印刷行业相关产业法规政策

近年来，为了推动印刷行业的健康有序发展，相关部门修订、出台了一系列的法规和政策。

2.2.1 《印刷业管理条例》

《印刷业管理条例》（2001 年施行，2020 年国务院令第 732 号第三次修订）制定了印刷企业的设立、出版物的印刷、包装装潢印刷品的印刷、其他印刷品的印刷规则。

《印刷业管理条例》规定：设立从事出版物、包装装潢印刷品和其他印刷品印刷经营活动的企业，应当持营业执照向所在地省、自治区、直辖市人民政府出版行政部门提出申请，个人不得从事出版物、包装装潢印刷品印刷经营活动；印刷企业接受出版单位委托印刷图书、期刊的，必须验证并收存出版单位盖章的印刷委托书，并在印刷前报出版单位所在地省、自治区、直辖市人民政府出版行政部门备案；印刷委托书由国务院出版行政部门规定统一格式，由省、自治区、直辖市人民政府出版行政部门统一印制；从事包装装潢印刷品印刷的企业不得印刷假冒、伪造的注册商标标识，不得印刷容易对消费者产生误导的广告宣传品和作为产品包装装潢的印刷品；印刷布告、通告、重大活动工作证、通行证、在社会上流通使用的票证的，委托印刷单位必须向印刷企业出具主管部门的证明，印刷企业必须验证主管部门的证明，并保存主管部门的证明副本 2 年，以备查验，并且不得再委托他人印刷上述印刷品。

2.2.2 《产业结构调整指导目录（2019 年本）》

国家发展和改革委员会修订发布的《产业结构调整指导目录（2019 年本）》中列出关于印刷行业相关条目。

（1）鼓励类

①单张纸多色胶印机（幅宽≥750 mm，印刷速度：单面多色≥16 000 张/h，双面多色≥13 000 张/h）；商业卷筒纸胶印机（幅宽≥787 mm，印刷速度≥7 m/s，套印精度≤0.1 mm）；报纸卷筒纸胶印机（印刷速度：单纸路单幅机≥75 000 张/h，双纸路双幅机≥150 000 张/h，套印精度≤0.1 mm）；多色宽幅柔性版印刷机（印刷宽度≥1 300 mm，印刷速度≥400 m/min）；机组式柔性版印刷机（印刷速度≥250 m/min）；环保多色卷筒料凹版印刷机（印刷速度≥300 m/min，套印精度≤0.1 mm）；喷墨数字印刷机（出版用：印刷速度≥150 m/min，分辨率≥600 dpi；包装用：印刷速度≥30 m/min，分辨率≥1 000 dpi；可变数据用：印刷速度≥100 m/min，分辨率≥300 dpi）；CTP 直接制版机（成像速度≥35 张/h，版材幅宽≥750 mm，重复精度 0.01 mm，分辨率≥3 000 dpi）；无轴数控平压平烫印机（烫印速度≥10 000 张/h，加工精度 0.05 mm）。

②高新、数字、智能印刷技术及高清晰度制版系统开发与应用。

（2）淘汰类

①全部铅排、铅印工艺。

②全部铅印机及相关辅机。

③照相制版机。

④ZD201、ZD301 型系列单字铸字机。

⑤TH1 型自动铸条机、ZT102 型系列铸条机。

⑥ZDK101 型字模雕刻机。

⑦KMD101 型字模刻刀磨床。

⑧AZP502 型半自动汉文手选铸排机、ZSY101 型半自动汉文铸排机、TZP101 型外文条字铸排机、ZZP101 型汉文自动铸排机。

⑨QY401、2QY404 型系列电动铅印打样机，QYSH401、2QY401、DY401 型手动式铅印打样机。

⑩YX01、YX02、YX03 型系列压纸型机，HX01、HX02、HX03、HX04 型

系列烘纸型机。

⑪PZB401型平铅版铸版机，YZB02、YZB03、YZB04、YZB05、YZB06、YZB07型系列铅版铸版机。

⑫JB01 型平铅版浇版机。

⑬RQ02、RQ03、RQ04 型系列铅泵熔铅炉。

⑭BB01 型刨版机，YGB02、YGB03、YGB04、YGB05 型圆铅版刮版机，YTB01 型圆铅版镗版机，YJB02 型圆铅版锯版机，YXB04、YXB05、YXB302 型系列圆铅版修版机。

⑮P401、P402 型系列四开平压印刷机，P801、P802、P803、P804 型系列八开平压印刷机。

⑯PE802 型双合页印刷机。

⑰TE102、TE105、TE108 型系列全张自动二回转平台印刷机。

⑱TY201 型对开单色一回转平台印刷机，TY401 型四开单色一回转平台印刷机。

⑲TY4201 型四开一回转双色印刷机。

⑳TT201、TZ201、DT201 型对开手动续纸停回转平台印刷机。

㉑TT202 型对开自动停回转平台印刷机，TT402、TT403、TT405、DT402 型四开自动停回转平台印刷机，TZ202 型对开半自动停回转平台印刷机，TZ401、TZS401、DT401 型四开半自动停回转平台印刷机。

㉒TR801 型系列立式平台印刷机。

㉓LP1101、LP1103 型系列平板纸全张单面轮转印刷机，LP1201 型平板纸全张双面轮转印刷机，LP4201 型平板纸四开双色轮转印刷机。

㉔LSB201（880 mm×1 230 mm）及 LS201、LS204（787 mm×1 092 mm）型系列卷筒纸书刊转轮印刷机。

㉕LB203、LB205、LB403 型卷筒纸报版轮转印刷机，LB2405、LB4405 型卷筒纸双层二组报版轮转印刷机，LBS201 型卷筒纸书、报二用轮转印刷机。

㉖K.M.T 型自动铸字排版机，PH-5 型汉字排字机。

㉗球震打样制版机（DIA PRESS 清刷机）。

㉘1985 年前生产的手动照排机、国产制版照相机。

㉙离心涂布机。

㉚J1101 系列全张单色胶印机（印刷速度每小时 5 000 张及以下）。

㉛J2101、PZ1920 系列对开单色胶印机（印刷速度每小时 4 000 张及以下），PZ1615 系列四开单色胶印机（印刷速度每小时 4 000 张及以下），YPS1920 系列双面单色胶印机（印刷速度每小时 4 000 张及以下）。

㉜W1101 型全张自动凹版印刷机，AJ401 型卷筒纸单面四色凹版印刷机。

㉝DJ01 型平装胶订联动机，PRD-01、PRD-02 型平装胶订联动机，DBT-01 型平装有线订、包、烫联动机。

㉞溶剂型即涂覆膜机、承印物无法降解和回收的各类覆膜机。

㉟QZ101、QZ201、QZ301、QZ401 型切纸机。

㊱MD103A 型磨刀机。

㊲用于凹版印刷的苯胺油墨。

2.2.3 《印刷业“十三五”时期发展规划》

2017 年国家新闻出版广电总局印发了《印刷业“十三五”时期发展规划》（以下简称《规划》），提出了“十三五”期间印刷业的发展目标：“十三五”期间，我国印刷业产业规模与国民经济发展基本同步，实现持续扩大；到“十三五”期末，印刷业总产值超过 1.4 万亿元，位居世界前列，数字印刷、包装印刷和新型印刷等领域保持较快发展，印刷对外加工贸易额稳步增长。

《规划》提出，正确认识印刷行业的发展现状，坚持推动产业结构的调整和优化升级。全面提升印刷业创新能力，打造产业持续发展新动力。加强印刷技术装备、原辅材料和系统解决方案的科技研发与产业化应用。推广绿色节能环保印刷技术、工艺、装备和材料。推动数字印刷技术在按需出版、按需印刷等领域的创新、应用与普及。鼓励印刷技术与新一代信息技术加快融合发展。继续大力实施绿色印刷，提升产业绿色发展水平。完善绿色印刷实施机制，积极融入国家绿色产品认证工作，发展市场化检测认证。加快绿色印刷标准体系建设，按照“源头削减和过程控制是重点、兼顾末端治理”的思路推动 VOCs 治理。实施“绿色印刷推广工程”，推动企业降成本、节能耗、减排放，制定绿色原辅材料产品目录，鼓励使用绿色材料和工艺，推动产业链协同发展。以新一代信息技术为核心，加快传统印刷数字化改造，推进印刷生产流程信息化和生产过程自动化。

推广 MIS（管理信息系统）、ERP（企业资源规划）等信息化管理手段，提升企业精细管理水平。推动印刷与射频标签、物联网的结合，以出版物智能印刷为突破口，培育若干“智慧印厂示范项目”，加快智慧印厂建设。实施“印刷跨界融合和新兴业态培育工程”，推进印刷业融合发展。提高印刷业的科技含量和服务属性比重，加深与信息技术、装备制造和新型材料等的融合，实施产品结构战略升级，由被动加工向主动服务转变。鼓励出版物印刷向按需印刷、数据管理、发行物流、书籍设计和提供综合解决方案等延伸，支持传统印刷向文化艺术、创意设计、品牌咨询、VR（虚拟现实）、AR（增强现实）等领域发展。充分发挥我国印刷业对发达国家的价格优势和对发展中国家的质量比较优势，促进印刷对外加工贸易创新发展。鼓励企业开发具有自主知识产权的产品，提高国际竞争力。积极推进多种形式的国际印刷合作，鼓励印刷设备器材“走出去”。支持“两岸四地”印刷业交流合作，共同开拓国际市场。

《规划》明确提出了“动力逐步转换”的发展目标：“十三五”期间，印刷业绿色化、数字化、智能化、融合化水平显著提高，并成为新的增长引擎。到“十三五”期末，绿色印刷产值占印刷总产值的比重超过 25%，数字印刷的年复合增长率超过 30%，智能印刷逐步推广，培育建设一批国家级创新研发中心。《规划》布局了 8 项重点任务，包括加快实现创新驱动，打造发展新引擎；坚持绿色发展道路，增强绿色印刷实效；推动数字网络化发展，提升智能化水平；引导扩大产业生态圈，延伸跨界融合领域；提升示范特色影响力，促进辐射引领发展；提升产业国际竞争力，加快“走出去”步伐；加强产业标准化建设，完善质量管理机制；完善监管服务机制，维护有序竞争环境。

2.3 印刷行业相关环境保护政策

近年来，我国对印刷行业的环境管理政策在众多法规和行动计划中均有所提及。

2.3.1 《中华人民共和国大气污染防治法》

《中华人民共和国大气污染防治法》（2018 年修正）中规定，生产、进口、销售和使用含挥发性有机物的原材料和产品的，其挥发性有机物含量应当符合质量标准或者要求；国家鼓励生产、进口、销售和使用低毒、低挥发性有机溶剂；产生含挥发性有机物废气的生产和服务活动，应当在密闭空间或者设备中进行，并按照规定安装、使用污染防治设施，无法密闭的，应当采取措施减少废气排放；国务院生态环境主管部门应当会同国务院卫生行政部门，根据大气污染物对公众健康和生态环境的危害和影响程度，公布有毒有害大气污染物名录，实行风险管理；排放前款规定名录中所列有毒有害大气污染物的企业事业单位，应当按照国家有关规定建设环境风险预警体系，对排放口和周边环境进行定期监测，评估环境风险，排查环境安全隐患，并采取有效措施防范环境风险。

2.3.2 《大气污染防治行动计划》

《大气污染防治行动计划》（国发〔2013〕37 号）提出：

强化企业责任，企业是大气污染治理的责任主体，要按照环保规范要求，加强内部管理，增加资金投入，采用先进的生产工艺和治理技术，确保达标排放，甚至达到“零排放”，要自觉履行环境保护的社会责任，接受社会监督；要求推进

VOCs 污染治理，在表面涂装等行业实施 VOCs 综合整治。

全面推行清洁生产。对重点行业进行清洁生产审核，针对节能减排关键领域和薄弱环节，采用先进适用的技术、工艺和装备，实施清洁生产技术改造；到 2017 年，重点行业排污强度比 2012 年下降 30%以上。

推进 VOCs 污染治理。在石化、有机化工、表面涂装、包装印刷等行业实施 VOCs 综合整治，在石化行业开展“泄漏检测与修复”技术改造。限时完成加油站、储油库、油罐车的油气回收治理，在原油成品油码头积极开展油气回收治理。完善涂料、胶黏剂等产品 VOCs 限值标准，推广使用水性涂料，鼓励生产、销售和使用低毒、低挥发性有机溶剂。

2.3.3 《打赢蓝天保卫战三年行动计划》

《打赢蓝天保卫战三年行动计划》（国发〔2018〕22 号）中要求制定石化、化工、工业涂装、包装印刷等 VOCs 排放重点行业和油品储运销综合整治方案，出台泄漏检测与修复标准，编制 VOCs 治理技术指南，并明确规定重点区域禁止建设生产和使用高 VOCs 含量的溶剂型涂料、油墨、胶黏剂等项目。

2.3.4 《“十三五”生态环境保护规划》

《“十三五”生态环境保护规划》（国发〔2016〕65 号）提出完善环境标准和技术政策体系；实施重点行业企业达标排放限期改造，发布重点行业污染治理技术，以钢铁、水泥、石化、有色金属、玻璃、燃煤锅炉、造纸、印染、化工、焦化、氮肥、农副食品加工、原料药制造、制革、农药、电镀等行业为重点，推进行业达标排放改造；推动治污减排工程建设，各省（区、市）要制定实施造纸、印染等十大重点涉水行业专项治理方案，大幅降低污染物排放强度；要求全面加强包装印刷等重点行业 VOCs 控制，印刷行业全面开展低 VOCs 含量原辅料替代，改进生产工艺。

2.3.5 《“十三五”节能减排综合工作方案》

《“十三五”节能减排综合工作方案》（国发〔2016〕74 号）推进工业污染物减排。实施工业污染源全面达标排放计划。加强工业企业无组织排放管理。严格执行环境影响评价制度。实行建设项目主要污染物排放总量指标等量或减量替代。建立以排污许可制为核心的工业企业环境管理体系。继续推行重点行业主要污染物总量减排制度，逐步扩大总量减排行业范围。以削减 VOCs、持久性有机物、重金属等污染物为重点，实施重点行业、重点领域工业特征污染物削减计划。全面实施燃煤电厂超低排放和节能改造，加快燃煤锅炉综合整治，大力推进石化、化工、印刷、工业涂装、电子信息等行业 VOCs 综合治理。全面推进现有企业达标排放，研究制定、修订农药、制药、汽车、家具、印刷、集装箱制造等行业排放标准，出台涂料、油墨、胶黏剂、清洗剂等有机溶剂产品 VOCs 含量限值强制性环保标准，控制集装箱、汽车、船舶制造等重点行业 VOCs 排放，推动有关企业实施原料替代和清洁生产技术改造。强化经济技术开发区、高新技术产业开发区、出口加工区等工业聚集区规划环境影响评价及污染治理。加强工业企业环境信息公开，推动企业环境信用评价。建立企业排放红黄牌制度。

2.3.6 《“十三五”挥发性有机物污染防治工作方案》

由环境保护部等六部门组织制定的《“十三五”挥发性有机物污染防治工作方案》（环大气〔2017〕121 号）中提出：

深入推进包装印刷行业 VOCs 综合治理。推广使用低（无）VOCs 含量的绿色原辅材料和先进生产工艺、设备，加强无组织废气收集，优化烘干技术，配套建设末端治理措施，实现包装印刷行业 VOCs 全过程控制。重点地区力争 2018 年年底前完成，京津冀大气污染传输通道城市 2017 年年底前基本完成。加强源头控制。大力推广使用水性、大豆基、能量固化等低（无）VOCs 含量的油墨和低（无）VOCs 含量的胶黏剂、清洗剂、润版液、洗车水、涂布液，到 2019 年年底前，低（无）VOCs 含量绿色原辅材料替代比例不低于 60%。对塑料软包装、纸制品包装等，推广使用柔印等低（无）VOCs 排放的印刷工艺。在塑料软包装领域，推广应用无溶剂、水性胶等环境友好型复合技术，到 2019 年年底前，替代比例不低于 60%。加强废气收集与处理。对油墨、胶黏剂等有机原辅材料调配和使用等，要采取车间环境负压改造、安装高效集气装置等措施，有机废气收集率达到 70%以上。对转运、储存等，要采取密闭措施，减少无组织排放。对烘干过程，要采取循环风烘干技术，减少废气排放。对收集的废气，要建设吸附回收、吸附燃烧等高效治理设施，确保达标排放。

重点推进石化、化工、包装印刷、工业涂装等重点行业以及机动车、油品储运销等交通源 VOCs 污染防治，实施一批重点工程。各地应结合自身产业结构特征、VOCs 排放来源等，确定本地 VOCs 控制重点行业；充分考虑行业产能利用率、生产工艺特征以及污染物排放情况等，结合环境空气质量季节性变化特征，研究制定行业生产调控措施。

加快推进“散乱污”企业综合整治。各地要全面开展涉 VOCs 排放的“散乱污”企业排查工作，建立管理台账，实施分类处置。列入淘汰类的，依法依规予以取缔，做到“两断三清”（断水、断电，清除原料、清除产品、清除设备）。涉 VOCs 排放的“散乱污”企业主要为涂料、油墨、合成革、橡胶制品、塑料制品、化纤生产等化工企业，使用溶剂型涂料、油墨、胶黏剂和其他有机溶剂的印刷、家具、钢结构、人造板、注塑等制造加工企业，以及露天喷涂汽车维修作业等。

2.3.7　《重点行业挥发性有机物综合治理方案》

《重点行业挥发性有机物综合治理方案》（环大气〔2019〕53 号）提出：

大力推进源头替代。通过使用水性、粉末、高固体分、无溶剂、辐射固化等低 VOCs 含量的涂料，水性、辐射固化、植物基等低 VOCs 含量的油墨，水基、热熔、无溶剂、辐射固化、改性、生物降解等低 VOCs 含量的胶黏剂，以及低 VOCs

含量、低反应活性的清洗剂等，替代溶剂型涂料、油墨、胶黏剂、清洗剂等，从源头减少 VOCs 产生。工业涂装、包装印刷等行业要加大源头替代力度。

加强政策引导。企业采用符合国家有关低 VOCs 含量产品规定的涂料、油墨、胶黏剂等，排放浓度稳定达标且排放速率、排放绩效等满足相关规定的，相应生产工序可不要求建设末端治理设施。使用的原辅材料 VOCs 含量（质量比）低于 10%的工序，可不要求采取无组织排放收集措施。

全面加强无组织排放控制。重点对含 VOCs 物料（包括含 VOCs 原辅材料、含 VOCs 产品、含 VOCs 废料以及有机聚合物材料等）储存、转移和输送，设备与管线组件泄漏，敞开液面逸散以及工艺过程等五类排放源实施管控，通过采取设备与场所密闭、工艺改进、废气有效收集等措施，削减 VOCs 无组织排放。

推进建设适宜高效的治污设施。企业新建治污设施或对现有治污设施实施改造，应依据排放废气的浓度、组分、风量、温度、湿度、压力以及生产工况等，合理选择治理技术。鼓励企业采用多种技术的组合工艺，提高 VOCs 治理效率。低浓度、大风量废气，宜采用沸石转轮吸附、活性炭吸附、减风增浓等浓缩技术，提高 VOCs 浓度后净化处理；高浓度废气，优先进行溶剂回收，难以回收的，宜采用高温焚烧、催化燃烧等技术。油气（溶剂）回收宜采用冷凝+吸附、吸附+吸收、膜分离+吸附等技术。低温等离子、光催化、光氧化技术主要适用于恶臭异味等治理；生物法主要适用于低浓度 VOCs 废气治理和恶臭异味治理。非水溶性的 VOCs 废气禁止采用水或水溶液喷淋吸收处理。采用一次性活性炭吸附技术的，应定期更换活性炭，废旧活性炭应再生或处理处置。有条件的工业园区和产业集群等，推广集中喷涂、溶剂集中回收、活性炭集中再生等，加强资源共享，提高 VOCs 治理效率。

2.3.8 《关于实施绿色印刷的公告》

国家新闻出版总署、环境保护部于 2011 年联合印发了《关于实施绿色印刷的公告》，提出绿色印刷标准是实施绿色印刷、评价绿色印刷成果的技术依据，绿色印刷标准由环境保护部和国家新闻出版总署共同组织制定，由环境保护部以国家环境保护标准《环境标志产品技术要求 印刷》的形式发布。绿色印刷标准对印前、印刷和印后过程的资源节约、能耗降低、污染物排放、回收利用等方面以及使用的原辅材料提出相关要求，特别是针对印刷产品中的重金属和VOCs等危害人体健康的有毒有害物质提出控制要求。环境保护部已于2011年3月2日发布了国家环境保护标准《环境标志产品技术要求 印刷 第一部分：平版印刷》（HJ 2503—2011）。

同时，公告提出实施绿色印刷工作的重要途径是在印刷行业开展绿色印刷环境标志产品认证（以下简称绿色印刷认证）。绿色印刷认证按照“公平、公正和公开”原则进行，在自愿的原则下，鼓励具备条件的印刷企业申请绿色印刷认证。国家对获得绿色印刷认证的企业给予项目发展资金、产业政策和管理措施等的扶持和倾斜。

2.4 印刷行业排放标准及技术规范

要完成以上政策法规的要求还需要通过具体的标准、方案及制度等来推动和落实，各个部门也出台了许多相关的标准及技术政策，主要包括以下方面。

2.4.1 污染物排放标准

在排放标准方面，我国排放标准体系日趋完善，“行业+综合”的VOCs排放标准体系逐渐形成。现行标准17项，VOCs排放主要行业标准11项，正在制修订的VOCs排放标准有22项，另外多省市出台印刷行业地方标准。

（1）国家标准

印刷企业大气污染物排放标准执行《大气污染物综合排放标准》（GB 16297—1996），该标准规定了33项大气污染物的排放限值，其中无机气态污染物9项、颗粒物3项、金属及其化合物6项、有机气态污染物14项，并设置了非甲烷总烃综合控制指标。印刷过程中产生的VOCs、颗粒物、苯及苯系物、甲醛等在该标准中都有所规定，见表 2-2。

表 2-2 大气污染物排放限值

污染物	最高允许排放浓度/（mg/m^3）	最高允许排放速率/（kg/h）			无组织排放监控浓度限值	
		排气筒/m	二级	三级	监控点	浓度/（mg/m^3）
颗粒物	18（碳黑尘、染料尘）	15	0.15	0.74	周界外浓度最高点	肉眼不可见
		20	0.85	1.3		
		30	3.4	5.0		
		40	5.8	8.5		
	60*（玻璃棉尘、石英粉尘、矿渣棉尘）	15	1.9	2.6	周界外浓度最高点	1.0
		20	3.1	4.5		
		30	12	18		
		40	21	31		
	120（其他）	15	3.5	5.0	周界外浓度最高点	1.0
		20	5.9	8.5		
		30	23	34		
		40	39	59		
		50	60	94		
		60	85	130		
苯	12	15	0.50	0.80	周界外浓度最高点	0.40
		20	0.90	1.3		
		30	2.9	4.4		
		40	5.6	7.6		
甲苯	40	15	3.1	4.7	周界外浓度最高点	2.4
		20	5.2	7.9		
		30	18	27		
		40	30	46		
二甲苯	70	15	1.0	1.5	周界外浓度最高点	1.2
		20	1.7	2.6		
		30	5.9	8.8		
		40	10	15		
甲醛	25	15	0.26	0.39	周界外浓度最高点	0.20
		20	0.43	0.65		
		30	1.4	2.2		
		40	2.6	3.8		
		50	3.8	5.9		
		60	5.4	8.3		

* 均指含游离二氧化硅超过 10%以上的各种尘。

GB 16297 中控制项目的标准值多是针对所有排污单位，没有考虑印刷行业 VOCs 排放生产工艺特点及污染治理的实际状况，针对性不强；限于当时的认识水平，该标准主要采取末端控制的技术思路，未针对污染物的源头控制、产生过程、收集处理等相关技术细节进行具体规定，而 VOCs 等物质的排放很大一部分是无组织形式的，因此不对生产全过程的污染进行控制，就难以有效完成削减污染物排放、改善环境的目标。

《挥发性有机物无组织排放控制标准》（GB 37822—2019）自 2019 年 7 月 1 日起实施，该标准明确指出，重点排放源排放浓度与去除效率双重控制，即当废气中非甲烷总烃（NMHC）初始排放速率大于等于 3 kg/h（重点地区大于等于 2 kg/h）时，应配置 VOCs 处理设施，处理效率不应低于 80%。VOCs 废气收集方面，应考虑生产工艺、操作方式、废气性质、处理方法等，对 VOCs 废气进行分类收集；排风罩（集气罩）应符合《排风罩的分类及技术条件》（GB/T 16758—2008）的要求，外部排风罩最远点控制风速不低于 0.3 m/s。

（2）地方标准

各地制定了地方印刷行业大气污染物排放标准，规定了 VOCs 排放的控制要求，并对印刷油墨所含 VOCs、设施或车间排气筒排放的 VOCs、厂界和印刷生产场所无组织排放的 VOCs 提出限值，见表 2-3。

表 2-3 地方关于印刷行业排放标准

序号	标准名称	标准编号
1	北京市：《印刷业挥发性有机物排放标准》	DB 11/1201—2015
2	上海市：《印刷业大气污染物排放标准》	DB 31/872—2015
3	广东省：《印刷行业挥发性有机化合物排放标准》	DB 44/815—2010
4	天津市：《工业企业挥发性有机物排放控制标准》	DB 12/524—2020
5	山东省：《挥发性有机物排放标准 第 4 部分：印刷业》	DB 37/2801.4—2017
6	重庆市：《包装印刷业大气污染物排放标准》	DB 50/758—2017
7	湖南省：《印刷业挥发性有机物排放标准》	DB 43/1357—2017
8	河南省：《印刷工业挥发性有机物排放标准》	DB 41/1956—2020
9	福建省：《印刷行业挥发性有机物排放标准》	DB 35/1784—2018
10	河北省：《工业企业挥发性有机物排放控制标准》	DB 13/2322—2016

①北京市：《印刷行业挥发性有机物排放标准》（DB 11/1201—2015）。

印刷生产活动中使用的处于即用状态的印刷油墨 VOCs 含量限值（以油墨中 VOCs 的质量分数计算）应执行表 2-4 规定的限值。

表 2-4 印刷油墨 VOCs 含量限值 单位：%

印刷油墨种类		含量限值
胶印油墨	热固	10
	单张/冷固	3
凸版印刷油墨		30
凹版印刷油墨		

印刷生产活动中，设备或车间排气筒排放的 VOCs 浓度应执行表 2-5 规定的限值。

表 2-5 VOCs 排放浓度限值 单位：mg/m^3

污染物项目	Ⅰ时段	Ⅱ时段
苯	0.5	0.5
甲苯与二甲苯合计	15	10
非甲烷总烃（NMHC）	50	30

无组织排放监控点挥发性有机物浓度应执行表 2-6 规定的限值。

表 2-6 无组织排放监控点 VOCs 浓度限值 单位：mg/m^3

监控位置	苯		甲苯与二甲苯合计		非甲烷总烃（NMHC）	
	Ⅰ时段	Ⅱ时段	Ⅰ时段	Ⅱ时段	Ⅰ时段	Ⅱ时段
厂界	0.1	0.1	0.5	0.2	2.0	1.0
印刷生产场所	0.1	0.1	2.0	1.0	6.0	3.0

②上海市：《印刷业大气污染物排放标准》（DB 31/872—2015）。

印刷生产过程使用的即用状态印刷油墨的 VOCs 含量限值执行表 2-7 规定。

表 2-7 即用状态印刷油墨 VOCs 含量限值 单位：g/kg

序号	印刷油墨种类		限值
1	平版油墨（辐射固化油墨除外）	热固轮转油墨	300
2		印铁油墨	700
3		单张纸、冷固油墨	150
4	柔版油墨	水基油墨	200
5		溶剂基油墨	500
6	凹版油墨	水基油墨	300
7		溶剂基油墨	800

注：即用状态印刷油墨 VOCs 含量限值指每千克即用油墨中含有的 VOCs 质量（克）。

自 2016 年 7 月 1 日起，现有企业执行表 2-8、表 2-9 的标准。自 2015 年 3 月 1 日起，新建企业执行表 2-8、表 2-9 的标准。

表 2-8 大气污染物排放限值

序号	污染物	最高允许排放浓度/（mg/m^3）	最高允许排放速率/（kg/h）	污染排放监控位置
1	苯	1	0.03	车间或生产设施排气筒
2	甲苯	3	0.1	
3	二甲苯	12	0.4	
4	非甲烷总烃（NMHC）	50	1.5[a]	
5	颗粒物	20	0.45	

注：a. 当非甲烷总烃（NMHC）的去除率不低于 90%时，等同于满足最高允许排放速率限值要求。

表 2-9 企业边界大气污染物浓度限值 单位：mg/m^3

序号	污染物	限值
1	苯	0.1
2	甲苯	0.2
3	二甲苯	0.2
4	非甲烷总烃（NMHC）	4.0

③广东省：《印刷行业挥发性有机化合物排放标准》（DB 44/815—2010）。

印刷企业生产过程中使用的印刷油墨 VOCs 含量限值［每升即用油墨中含有的 VOCs 质量（克）］应执行表 2-10 的规定。

表 2-10 印刷油墨 VOCs 含量限值 单位：g/L

印刷油墨种类	限值	
	Ⅰ时段	Ⅱ时段
用于不透气承印物的柔性版油墨	—	300
用于透气承印物的柔性版油墨	225	225
用于不透气承印物的平版油墨	—	700
用于透气承印物的平版油墨（热固油墨除外）	300	300
凸版油墨	300	300

企业排气筒 VOCs 排放限值按表 2-11 执行。

表 2-11 排气筒 VOCs 排放限值

印刷方式	污染物	最高允许排放浓度/（mg/m^3）		最高允许排放速率/（kg/h）	
		Ⅰ时段	Ⅱ时段	Ⅰ时段	Ⅱ时段
平版印刷（不含以金属、陶瓷、玻璃为承印物的平版印刷）、柔性版印刷	苯	1	1	0.4	0.4
	甲苯与二甲苯合计	30	15	1.8[a]	1.6[a]
	总 VOCs	120	80	5.4	5.1
凹版印刷、凸版印刷、丝网印刷、平版印刷（以金属、陶瓷、玻璃为承印物的平版印刷）	苯	1	1	0.4	0.4
	甲苯与二甲苯合计	30	15	1.8[a]	1.6[a]
	总 VOCs	180	120	5.4	5.1

注：a. 二甲苯排放速率不得超过 1.0 kg/h。

无组织排放应执行表 2-12 的限值。

表 2-12 无组织排放监控点 VOCs 浓度限值 单位：mg/m^3

苯	甲苯	二甲苯	总 VOCs
0.1	0.6	0.2	2.0

印刷行业控制 VOCs 排放的生产工艺和管理要求：

○ 油墨、胶黏剂、有机溶剂等原辅材料宜储存在密封容器中。有机溶剂转移、墨辊等设备清洗过程中，应尽可能减少 VOCs 排放。废弃的油墨桶、有机溶剂容器桶或胶水桶在移交专门的回收处理机构前，应封盖存储。

○ 产生 VOCs 废气的工艺线应尽可能设置于密闭工作间内，集中排风并导入 VOCs 控制设备进行处理；无法设置密闭工作间的生产线，VOCs 排放工段应尽可能设置集气罩、排风管道组成的排气系统。

○ 安装 VOCs 处理设施的企业，其 VOCs 处理设施应达到设计处理效率。

○ 密闭排气系统、污染控制设备应与工艺设施同步运转。废气收集装置和治理装置必须按照规范参数条件运行。

○ 企业经营者应每月记录企业使用的含 VOCs 原料名称、厂家、品牌、型号、VOCs 含量、购入量、使用量和库存量等资料。

④天津市：《工业企业挥发性有机物排放控制标准》（DB 12/524—2020）。

自标准实施之日 2020 年 11 月 1 日起，新建印刷企业执行表 2-13 规定的污染物排放限值。

表 2-13　污染物排放限值

行业	工艺设施	污染物	最高允许排放浓度/（mg/m^3）	最高允许排放速率/（kg/h）				
				15 m	20 m	30 m	40 m	50 m
印刷工业	制版、印刷、涂布、印后加工等工艺	苯	1	0.2	0.3	0.9	1.2	1.5
		甲苯与二甲苯合计	15	0.5	1.7	6.0	10.2	17.0
		非甲烷总烃	30	0.9	20	7.1	11.2	19.4
		总反应活性挥发性有机物	50	1.5	3.4	11.9	18.7	32.3

⑤山东省：《挥发性有机物排放标准　第 4 部分：印刷业》（DB 37/2801.4—2017）。

印刷生产活动中，设备或车间排气筒排放 VOCs 浓度和排放速率应符合表 2-14 的规定。

表 2-14 印刷生产活动排气筒 VOCs 排放限值

污染物	最高允许排放浓度/（mg/m^3）	最高允许排放速率/（kg/h）（排气筒高度 $H\geqslant15$ m）
苯	0.5	0.03
甲苯	3	0.1
二甲苯	10	0.4
VOCs	50	1.5

企业厂界无组织监控点 VOCs 浓度限值应符合表 2-15 的规定。

表 2-15 厂界无组织监控点 VOCs 浓度限值

污染物	浓度限值/（mg/m^3）
苯	0.1
甲苯	0.2
二甲苯	0.2
VOCs	2.0

排气筒的高度应不低于 15 m，有环境影响评价批复的按环境影响评价文件确定。两个排放相同污染物的排气筒，若其距离小于其几何高度之和，应合并视为一根等效排气筒。有三根以上的近距离排气筒，且排放同一种污染物，应以前两根的等效排气筒，依次与第三根、第四根排气筒取等效值。

工艺技术管理要求：

○ 印刷生产过程中所有涉及 VOCs 产生的环节，应在密闭空间或设施中实施，均应配套安装负压收集系统，将产生的 VOCs 通过局部或整体集气系统导入 VOCs 处理设施或排放管道。集气系统和 VOCs 处理设施应先于生产活动及工艺设施启动，并同步运行，滞后关闭。

○ 油墨、润版液、涂布液、上光油、稀释剂、胶黏剂、洗车水等含 VOCs 的原辅材料在储存和输送过程中应保持密闭，用后应及时密闭，以减少挥发。

○ 建立并实施厂内润版液统一配给和安装过滤回收系统。

○ 废油墨、废弃吸附过滤材料、沾有油墨或溶剂的棉纱/抹布等废弃物应放入具有标识的密闭容器内，定期交由有资质的单位处理。

○ 企业应按照环境保护行政主管部门相关要求建立运行情况记录制度，每月记录印刷品类型、原辅材料使用情况以及污染物处理设施运行参数等，按照国家有关档案管理的法律法规进行整理和保管。记录内容包括但不限于以下内容：

- 印刷产品的印刷工艺和基底种类；
- 油墨、润版液、涂布液、上光油、稀释剂、胶黏剂、洗车水等原辅材料的名称、使用量和 VOCs 含量；
- 废油墨、废弃吸附过滤材料、沾有油墨或溶剂的棉纱/抹布等废弃物的处理量和去向；
- 污染物处理设施运行参数：吸附处理装置的吸附介质名称、使用量和更换日期；热氧化装置的燃烧温度和燃料用量；催化氧化装置的燃烧温度、燃料用量、催化剂名称和更换日期等。

⑥重庆市：《包装印刷业大气污染物排放标准》（DB 50/758—2017）

现有源自标准实施之日 2017 年 6 月 4 日起按表 2-16 规定执行第Ⅰ时段标准，自 2018 年 7 月 1 日起按表 2-17 规定执行第Ⅱ时段标准。新源自本标准实施之日 2017 年 6 月 4 日起按表 2-17 规定执行第Ⅱ时段标准。

表 2-16 Ⅰ时段执行的企业排气筒大气污染物排放限值

污染物	最高允许排放浓度/（mg/m^3）		最高允许排放速率[b]/（kg/h）	
	主城区	其他区域	主城区	其他区域
苯	6	6	0.5	0.5
甲苯与二甲苯合计	70	80	4.1	4.1
非甲烷总烃	100	120	10	10
总 VOCs[a]	120	140	14	14
颗粒物	50	100	1.6	3.2
二氧化硫[c]	200	300	—	—
氮氧化物[c]	200	300	—	—

注：a. 选择性指标；

b. 当非甲烷总烃的总去除效率不低于 90%时，等同于满足最高允许排放速率限值要求；

c. 仅适用于燃烧类处理设施。

表 2-17 Ⅱ时段执行的企业排气筒大气污染物排放限值

污染物	最高允许排放浓度/（mg/m^3）		最高允许排放速率[b]/（kg/h）	
	主城区	其他区域	主城区	其他区域
苯	1	1	0.36	0.4
甲苯与二甲苯合计	15	18	1.6	1.9
非甲烷总烃	60	80	4.3	5.1
总 VOCs[a]	80	100	5.7	7.2
颗粒物	50	100	1.6	3.2
二氧化硫[c]	200	300	—	—
氮氧化物[c]	200	300	—	—

注：a. 选择性指标；

b. 当非甲烷总烃的总去除效率不低于 90%时，等同于满足最高允许排放速率限值要求；

c. 仅适用于燃烧类处理设施。

不经过排气筒的无规则排放视为无组织排放，生产车间应执行表 2-18 的无组织排放监控点浓度限值；企业边界大气污染物浓度执行表 2-19 规定的限值。

表 2-18 无组织排放监控点位及相应浓度限值 单位：mg/m^3

监控点位	苯	甲苯与二甲苯合计	非甲烷总烃	总 VOCs[a]
印刷生产场所	0.1	2	6.0	8.0

注：a. 选择性指标。

表 2-19 企业边界大气污染物浓度限值 单位：mg/m^3

监控点位	苯	甲苯与二甲苯合计	非甲烷总烃	总 VOCs[a]
企业边界	0.1	0.8	4.0	6.0

注：a. 选择性指标。

各地方印刷行业排放标准对比见表 2-20。

表 2-20 各地方印刷排放体系对比

<table>
<tr><td>省(市)</td><td colspan="8">包装印刷行业标准</td></tr>
<tr><td rowspan="5">北京</td><td colspan="8">印刷生产活动中，设备或车间排气筒排放的 VOCs 浓度/（mg/m^3）</td></tr>
<tr><td colspan="2">污染物项目</td><td colspan="3">Ⅰ时段</td><td colspan="3">Ⅱ时段</td></tr>
<tr><td colspan="2">苯</td><td colspan="3">0.5</td><td colspan="3">0.5</td></tr>
<tr><td colspan="2">甲苯与二甲苯合计</td><td colspan="3">15</td><td colspan="3">10</td></tr>
<tr><td colspan="2">非甲烷总烃</td><td colspan="3">50</td><td colspan="3">30</td></tr>
<tr><td rowspan="8">上海</td><td colspan="8">大气污染物排放限值（车间或生产设施排气筒）</td></tr>
<tr><td colspan="2">污染物</td><td colspan="3">最高允许排放浓度/（mg/m^3）</td><td colspan="3">最高允许排放速率/（kg/h）</td></tr>
<tr><td colspan="2">苯</td><td colspan="3">1</td><td colspan="3">0.03</td></tr>
<tr><td colspan="2">甲苯</td><td colspan="3">3</td><td colspan="3">0.1</td></tr>
<tr><td colspan="2">二甲苯</td><td colspan="3">12</td><td colspan="3">0.4</td></tr>
<tr><td colspan="2">非甲烷总烃（NMHC）</td><td colspan="3">50</td><td colspan="3">1.5</td></tr>
<tr><td colspan="2">颗粒物</td><td colspan="3">20</td><td colspan="3">0.45</td></tr>
<tr><td colspan="8">当非甲烷总烃（NMHC）的去除率不低于 90%时，等同于满足最高允许排放速率限值要求</td></tr>
<tr><td rowspan="6">天津</td><td rowspan="2">工艺设施</td><td rowspan="2">污染物</td><td rowspan="2">最高允许排放浓度/（mg/m^3）</td><td colspan="5">最高允许排放速率/（kg/h）</td></tr>
<tr><td>15 m</td><td>20 m</td><td>30 m</td><td>40 m</td><td>50 m</td></tr>
<tr><td rowspan="4">制版、印刷、涂布、印后加工等工艺</td><td>苯</td><td>1</td><td>0.2</td><td>0.3</td><td>0.9</td><td>1.2</td><td>1.5</td></tr>
<tr><td>甲苯与二甲苯合计</td><td>15</td><td>0.5</td><td>1.7</td><td>6.0</td><td>10.2</td><td>17.0</td></tr>
<tr><td>非甲烷总烃</td><td>30</td><td>0.9</td><td>20</td><td>7.1</td><td>11.2</td><td>19.4</td></tr>
<tr><td>总反应活性挥发性有机物</td><td>50</td><td>1.5</td><td>3.4</td><td>11.9</td><td>18.7</td><td>32.3</td></tr>
</table>

<table>
<tr><td>省(市)</td><td colspan="6">包装印刷行业标准</td></tr>
<tr><td rowspan="7">山东</td><td colspan="6">印刷生产活动排气筒 VOCs 排放限值</td></tr>
<tr><td colspan="2">污染物</td><td colspan="2">最高允许排放浓度/（mg/m³）</td><td colspan="2">最高允许排放速率/（kg/h）</td></tr>
<tr><td colspan="2">苯</td><td colspan="2">0.5</td><td colspan="2">0.03</td></tr>
<tr><td colspan="2">甲苯</td><td colspan="2">3</td><td colspan="2">0.1</td></tr>
<tr><td colspan="2">二甲苯</td><td colspan="2">10</td><td colspan="2">0.4</td></tr>
<tr><td colspan="2">VOCs</td><td colspan="2">50</td><td colspan="2">1.5</td></tr>
<tr><td colspan="6"></td></tr>
<tr><td rowspan="10">广东</td><td colspan="6">排气筒 VOCs 排放限值</td></tr>
<tr><td rowspan="2">印刷方式</td><td rowspan="2">污染物</td><td colspan="2">最高允许排放浓度/（mg/m³）</td><td colspan="2">最高允许排放速率/（kg/h）</td></tr>
<tr><td>Ⅰ时段</td><td>Ⅱ时段</td><td>Ⅰ时段</td><td>Ⅱ时段</td></tr>
<tr><td rowspan="3">平版印刷（不含以金属、陶瓷、玻璃为承印物的平版印刷）、柔性版印刷</td><td>苯</td><td>1</td><td>1</td><td>0.4</td><td>0.4</td></tr>
<tr><td>甲苯与二甲苯合计</td><td>30</td><td>15</td><td>1.8</td><td>1.6</td></tr>
<tr><td>总 VOCs</td><td>180</td><td>120</td><td>5.4</td><td>5.1</td></tr>
<tr><td rowspan="3">凹版印刷、凸版印刷、丝网印刷、平版印刷（以金属、陶瓷、玻璃为承印物的平版印刷）</td><td>苯</td><td>1</td><td>1</td><td>0.4</td><td>0.4</td></tr>
<tr><td>甲苯与二甲苯合计</td><td>30</td><td>15</td><td>1.8</td><td>1.6</td></tr>
<tr><td>总 VOCs</td><td>180</td><td>120</td><td>5.4</td><td>5.1</td></tr>
<tr><td colspan="6">二甲苯排放速率不得超过 1.0 kg/h</td></tr>
</table>

2.4.2 原辅材料相关环保要求

为了促进印刷行业的健康、持续和稳定发展，加快印刷企业用料使用绿色转型，为广大消费者购买到安全可靠的印刷产品提供有力保障，我国出台了一系列国家和地方层面的技术标准，对印刷行业中所产生的 VOCs 等有害物质含量进行了规范。

（1）《环境标志产品技术要求 印刷 第一部分：平版印刷》（HJ 2503—2011）

表 2-21 印刷产品所用原辅材料要求

原辅料	要求	分值分配	总分值
承印物	使用通过可持续森林认证的纸张	25	25
	使用再生纸浆占 30%以上的纸张	25	
	使用本色的纸张	25	
印版	使用面处理的 CTP 印版	5	5
橡皮布	大幅面印刷机换下的橡皮布可在单色机上使用	10	10
	大幅面印刷机换下的橡皮布可在小幅面机上使用	10	
润湿液	使用无醇润湿液	20	20
	使用醇类添加量小于 5%的润湿液	10	
印版、橡皮布清洗材料	使用专用抹布清洗橡皮布	7	7
热熔胶	使用聚氨酯（PUR）型热熔胶	8	8
	EVA 热熔胶符合 HJ 2541 的要求	5	
印后表面处理材料	使用预涂膜	25	25
	水基覆膜胶有害物符合 HJ 2541 中包装用水基胶黏剂的要求	10	
	水基上光油有害物符合 HJ 2542 中技术内容的要求	15	

表 2-22 印刷产品有害物质限量（部分）

项目	限值
铅（Pb）	≤90 mg/kg
镉（Cd）	≤75 mg/kg
铬（Cr）	≤60 mg/kg
汞（Hg）	≤60 mg/kg
苯	≤0.01 mg/m^2
甲苯	≤0.5 mg/m^2
二甲苯	≤0.25 mg/m^2

（2）《环境标志产品技术要求　胶黏剂》（HJ 2541—2016）

表 2-23　书刊装订用胶黏剂中有毒有害物质的限量要求

项目	限量
苯	不得检出
甲苯+乙苯+二甲苯	≤0.5 g/kg
卤代烃	≤0.5 g/kg
总挥发性有机物	≤100 g/L

（3）《环境标志产品技术要求　喷墨墨水》（HJ 567—2010）

表 2-24　产品中不得人为添加物质

序号	物质
1	硒（Se）、镍（Ni）、砷（As）、锑（Sb）等元素及其化合物
2	乙二醇醚类物质
3	邻苯二甲酸酯类物质
4	异佛尔酮
5	对苯二酚

表 2-25　水基喷墨墨水中有害物质限量

项目	限值
氨及其化合物	≤2%
挥发性有机化合物	≤30%
甲醛	≤500 mg/kg
甲醇	≤0.3%
苯酚	≤100 mg/kg
铅、镉、铬、汞的总量	≤100 mg/kg
铅	≤90 mg/kg
镉	≤75 mg/kg
铬	≤60 mg/kg
汞	≤60 mg/kg

表 2-26 溶剂基喷墨墨水中有害物质限量

项目	限值
甲醇	≤0.3%
卤代烃类溶剂	≤500 mg/kg
苯、甲苯、乙苯和二甲苯	≤500 mg/kg
铅、镉、铬、汞的总量	≤100 mg/kg
铅	≤90 mg/kg
镉	≤75 mg/kg
铬	≤60 mg/kg
汞	≤60 mg/kg

（4）《环境标志产品技术要求　胶印油墨》（HJ 2542—2016）

表 2-27 产品中植物油限量要求

类别	植物油限量要求/%
冷固轮转胶印油墨	≥30
单张纸胶印油墨	≥20
热固轮转胶印油墨	≥7

表 2-28 产品中有害物质限量要求

项目	限量要求			
	热固轮转胶印油墨	单张纸胶印油墨	冷固轮转胶印油墨	能量固化胶印油墨
挥发性有机化合物（VOC）/% ≤	10	3	3	2
苯、甲苯、二甲苯和乙苯/（mg/kg） ≤	100			

（5）《环境标志产品技术要求　凹印油墨和柔印油墨》（HJ 371—2018）

表 2-29　产品中有害物质限制要求

项目	限值
挥发性有机化合物（VOC）	≤5%
苯、甲苯、二甲苯、乙苯、三甲苯、苯乙烯总量	≤100 mg/kg
甲醇	≤0.3%
游离甲醛	≤50 mg/kg
氨及其化合物	≤2 %

表 2-30　产品中可溶性元素要求　单位：mg/kg

<table>
<tr><th>项目</th><th colspan="2">限值</th></tr>
<tr><td>锑（Sb）</td><td colspan="2">≤60</td></tr>
<tr><td>砷（As）</td><td colspan="2">≤25</td></tr>
<tr><td>钡（Ba）</td><td colspan="2">≤1 000</td></tr>
<tr><td>镉（Cd）</td><td>≤75</td><td rowspan="4">100</td></tr>
<tr><td>铬（Cr）</td><td>≤60</td></tr>
<tr><td>铅（Pb）</td><td>≤90</td></tr>
<tr><td>汞（Hg）</td><td>≤60</td></tr>
<tr><td>硒（Se）</td><td colspan="2">500</td></tr>
</table>

2.4.3　排污许可证申请与核发技术规范

在排污许可方面，《排污许可管理办法（试行）》（以下简称《管理办法》）于 2018 年 1 月 10 日起实施。《管理办法》规定了企业承诺、自行监测、台账记录、执行报告、信息公开等五项制度。

2019 年 12 月，生态环境部印发《排污许可证申请与核发技术规范　印刷工业》（HJ 1066—2019），该标准规定了印刷工业排污单位排污许可证申请与核发的基本情况填报要求、许可排放限值确定、合规判定的方法以及自行监测、环境管理台账及排污许可证执行报告等环境管理要求，提出了印刷工业污染防治可行技术要求。

2.4.4 印刷工业污染防治可行技术指南

2020 年 1 月 8 日生态环境部批准发布实施《印刷工业污染防治可行技术指南》（HJ 1089—2020），该标准提出了印刷工业废气、废水、固体废物和噪声污染防治可行技术（表 2-31 至表 2-34）。同时，该标准可作为印刷工业企业建设项目环境影响评价、国家污染物排放标准制修订、排污许可管理和污染防治技术选择的参考。

表 2-31 废气污染防治可行技术

序号	工艺类型	预防技术	治理技术	污染物排放浓度/（mg/m^3）				技术适用条件
				非甲烷总烃	苯	甲苯	二甲苯	
1	平版印刷	①植物油基胶印油墨替代技术+②无/低醇润湿液替代技术+③自动橡皮布清洗技术	—	20～30	＜0.2	＜1	＜1	适用于平版印刷工艺，其中无醇润湿液替代技术适用于书刊、报纸及本册等的平版印刷工艺
2	平版印刷	①植物油基胶印油墨替代技术+②零醇润版胶印技术+③自动橡皮布清洗技术	—	15～30	＜0.2	＜1	＜1	适用于报纸、书刊、纸包装等的平版印刷工艺。采用该技术需投入印刷机水辊系统的一次性改造费用及定期更换水辊的运行费用
3	平版印刷	①植物油基胶印油墨替代技术+②无水胶印技术+③自动橡皮布清洗技术	—	15～30	＜0.2	＜1	＜1	适用于书刊、标签等的平版印刷工艺，该技术对环境温度要求较高，油墨传输过程需要冷却处理。采用该技术需使用专用的冲版机、版材及油墨，成本与有水印刷相比有所升高

序号	工艺类型	预防技术	治理技术	污染物排放浓度/（mg/m³）				技术适用条件
				非甲烷总烃	苯	甲苯	二甲苯	
4	平版印刷	①辐射固化油墨替代技术+②零醇润版胶印技术+③自动橡皮布清洗技术	—	40～50	＜0.2	＜1	＜1	适用于纸包装的平版印刷工艺，不适用于直接接触食品的产品的印刷。采用该技术需投入印刷机水辊系统的一次性改造费用及定期更换水辊的运行费用
5	平版印刷	①辐射固化油墨替代技术+②无/低醇润湿液替代技术+③自动橡皮布清洗技术	—	20～30	＜0.2	＜1	＜1	适用于纸包装、标签、票证的平版印刷工艺，不适用于直接接触食品的产品的印刷
6	平版印刷	①植物油基胶印油墨替代技术+②无/低醇润湿液替代技术+③自动橡皮布清洗技术	燃烧技术	10～30	＜0.5	＜1	＜1	适用于书刊、本册等的热固轮转胶印工艺，可采用无醇润湿液替代技术。烘箱一般自带二次燃烧装置
7	凹版印刷	水性凹印油墨替代技术	①吸附技术+②燃烧技术	15～40	＜0.5	＜1	＜1	适用于塑料表印、塑料轻包装及纸张凹版印刷工艺。典型治理技术路线为“旋转式分子筛吸附浓缩+RTO”和“活性炭吸附/旋转式分子筛吸附浓缩+CO”
8	凹版印刷	—	①吸附技术+②冷凝技术	20～40	＜0.5	＜1	＜1	适用于凹版印刷工艺。典型治理技术路线为“活性炭吸附+热氮气再生+冷凝回收”。采用该技术能够产生经济效益，溶剂使用量越大，经济效益越明显

序号	工艺类型	预防技术	治理技术	污染物排放浓度/（mg/m³）				技术适用条件
				非甲烷总烃	苯	甲苯	二甲苯	
9	凹版印刷	—	燃烧技术	10～40	＜0.5	＜1	＜1	适用于溶剂型凹版印刷工艺。烘箱有组织废气的典型治理技术路线为“减风增浓+RTO/CO”。中大型企业较适合采用该技术，通过余热回用可减少运行费用
10	凹版印刷	—	①吸附技术+②燃烧技术	15～40	＜0.5	＜1	＜1	适用于溶剂型凹版印刷工艺。烘箱有组织废气与其他无组织废气混合后治理，或无组织废气收集后单独治理，典型治理技术路线为“旋转式分子筛吸附浓缩+RTO/CO”
11	凸版印刷	—	①吸附技术+②燃烧技术	30～40	＜0.5	＜1	＜1	适用于溶剂型凸版印刷工艺。典型治理技术路线为“旋转式分子筛吸附浓缩+RTO”和“活性炭吸附/旋转式分子筛吸附浓缩+CO”
12	凸版印刷	水性凸印油墨替代技术	—	20～40	＜0.5	＜1	＜1	适用于纸包装、标签、票证、塑料包装、铝罐等凸版印刷工艺
13	凸版印刷	辐射固化油墨替代技术	—	＜30	＜0.5	＜1	＜1	适用于凸版印刷工艺。适用于标签、票证、纸包装、金属罐等的印刷，不适用于直接接触食品的产品的印刷
14	网版印刷	辐射固化油墨替代技术	—	＜30	＜0.5	＜1	＜1	适用于网版印刷工艺。适用于标签、票证、纸包装等的印刷，不适用于直接接触食品的产品的印刷

序号	工艺类型	预防技术	治理技术	污染物排放浓度/（mg/m³）				技术适用条件
				非甲烷总烃	苯	甲苯	二甲苯	
15	复合/涂布	无溶剂复合技术	—	20～30	＜0.5	＜1	＜1	适用于印刷工业的复合工序。软包装复合工序常采用双组分胶黏剂，纸塑复合工序常采用单组分胶黏剂
16		共挤出复合技术	—	20～30	＜0.5	＜1	＜1	适用于印刷工业的复合膜生产工序。只能用于热熔塑料与塑料的复合，其产品的原材料组合形式相对较少，适用范围小
17		水性胶黏剂替代技术	—	20～30	＜0.5	＜1	＜1	适用于方便面包装袋、膨化食品包装袋等轻包装制品的覆膜工序，以及纸包装的复合工序
18		—	①吸附技术+②冷凝技术	20～40	＜0.5	＜1	＜1	适用于干式复合工艺。典型治理技术路线为“活性炭吸附+热氮气再生+冷凝回收”。该技术能够产生经济效益，溶剂使用量越大，经济效益越明显
19		—	燃烧技术	10～40	＜0.5	＜1	＜1	适用于干式复合及涂布工艺。典型治理技术路线为“减风增浓+RTO/TO”。涂布工艺的无组织废气收集后，宜采用吸附技术进行预浓缩，再经 RTO 治理
20	上光	水性光油替代技术	—	20～30	＜0.5	＜1	＜1	适用于书刊、画册、食品包装、药品包装等纸张印刷的上光工艺
21		UV 光油替代技术	—	20～30	＜0.5	＜1	＜1	适用于纸张及金属的上光工艺，不适用于直接接触食品的产品的上光工艺

注：表中“+”代表技术的组合。

表 2-32 废水污染防治可行技术

序号	废水种类	预防技术	治理技术	排放去向	污染物排放浓度/（mg/L）					技术适用条件
					pH	COD	SS	BOD_5	氨氮	
1	冲版废水	冲版水过滤循环技术	—	处理后回用，无法回用的冲版废水间接排放	7～8	<100	<50	<50	<2	适用于平版印刷制版工序产生的冲版废水的回用处理
2	润版废水	润湿液过滤循环技术	—	处理后回用，不外排	—	—	—	—	—	适用于平版印刷润版工序产生的润湿液的回用处理
3	铝罐清洗废水	—	①化学混凝沉淀+②气浮+③生化法	处理后间接排放	6.8～7.5	<200	<50	<50	<10	适用于铝罐印刷预处理工序产生的清洗废水的处理
4	印刷清洗废水	—	物化法	处理后间接排放	7～8	<100	<50	<50	<2	适用于水性油墨印刷清洗工序产生的清洗废水的处理
5		—	生化法	处理后间接排放	7～8	<100	<50	<50	<2	

注：表中“+”代表技术的组合。

表 2-33 固体废物污染防治可行技术

<table>
<tr><td rowspan="3">固体废物种类</td><td rowspan="2">一般固体废物</td><td colspan="6">危险废物</td></tr>
<tr><td colspan="2">印前制版工序产生的危险废物</td><td>印刷工序产生的危险废物</td><td>印后工序产生的危险废物</td><td>VOCs 废气治理设施产生的危险废物</td><td>设备维护产生的危险废物</td></tr>
<tr><td>废纸、废塑料、废金属及废版等</td><td colspan="2">废显影液、废定影液等</td><td>废油墨、废清洗剂、废润湿液、废擦机布等</td><td>废胶、废光油等</td><td>废活性炭、废催化剂等</td><td>废机油等</td></tr>
<tr><td rowspan="2">可行技术</td><td>资源化技术</td><td>CTP 制版技术</td><td>废显影液浓缩技术</td><td colspan="4">—</td></tr>
<tr><td>末端处理</td><td colspan="6">委托有资质的单位进行处置</td></tr>
</table>

表 2-34 噪声污染防治可行技术 单位：dB（A）

序号	噪声源	噪声源声级水平	可行技术	治理效果
1	轮转印刷机	90～100	隔声间 厂房隔声	降噪量 10～20
2	单张纸平版印刷机	75～85	厂房隔声	降噪量 10～20
3	凹版印刷机	80～90	厂房隔声	降噪量 10～20
4	折页机	85～95	厂房隔声 隔声罩	降噪量 10～20
5	切纸机、模切机、制罐机、制袋机、分切机等成型加工设备	70～95	厂房隔声	降噪量 10～20
6	装订联动线	80～90	厂房隔声	降噪量 10～20
7	复合机	75～85	机房	降噪量 10～20
8	引风机	85～90	厂房隔声 消声器	降噪量 10～30
9	空压机	75～85	厂房隔声 消声器	降噪量 10～30
10	供水系统（补给水泵和循环水泵） 供气系统（气泵等）	80～95	隔声间 减振处理 消声器	降噪量 15～35

其他相关技术政策见表 2-35。

表 2-35 印刷行业相关技术政策

序号	政策名称	发布部门	文号或发布日期
1	挥发性有机物无组织排放控制标准	生态环境部、国家市场监督管理总局	GB 37822—2019
2	环境标志产品技术要求 喷墨墨水	环境保护部	HJ 567—2010
3	环境标志产品技术要求 胶印油墨	环境保护部	HJ 2542—2016
4	环境标志产品技术要求 胶黏剂	环境保护部	HJ 2541—2016

序号	政策名称	发布部门	文号或发布日期
5	环境标志产品技术要求　凹印油墨和柔印油墨	生态环境部	HJ 371—2018
6	排污许可证申请与核发技术规范　印刷工业	生态环境部	HJ 1066—2019
7	印刷企业防尘防毒技术规范	国家安全生产监督管理总局	AQ 4225—2012
8	印刷业“十三五”时期发展规划	国家新闻出版广电总局	2017 年 4 月
9	涂料、油墨及胶黏剂工业大气污染物排放标准	生态环境部、国家市场监督管理总局	GB 37824—2019
10	关于加快我国包装产业转型发展的指导意见	工业和信息化部、商务部	工信部联消费〔2016〕397 号
11	产业结构调整指导目录（2019 年本）	国家发展和改革委员会	2019 年 10 月
12	包装行业高新技术研发资金管理办法	财政部	财企〔2008〕154 号
13	关于包装行业高新技术研发资金有关问题的通知	财政部	财企〔2005〕107 号
14	中国包装印刷行业公约	中国包协包印委	2002 年
15	关于实施绿色印刷的公告	国家新闻出版总署、环境保护部	2011 年 10 月
16	企业绿色采购指南（试行）	商务部、环境保护部、工业和信息化部	2014 年 12 月
17	关于加快我国包装产业转型发展的指导意见	工业和信息化部、商务部	2016 年 12 月
18	中国包装工业发展规划（2016—2020 年）	中国包装联合会	2016 年 12 月
19	绿色包装评价方法与准则	国家市场监督管理总局、中国国家标准化管理委员会	GB/T 37422—2019
20	环境标志产品技术要求　印刷　第一部分：平版印刷	环境保护部	HJ 2503—2011

2.5 印刷行业清洁生产相关政策法规

2.5.1 清洁生产相关政策法规

2002 年，第九届全国人民代表大会常务委员会第二十八次会议通过了《中华人民共和国清洁生产促进法》，该法于 2003 年正式实施，标志着我国迈向了清洁生产有法可依的全新阶段。此后，相关部委陆续制定了一系列的清洁生产规章、管理文件（表 2-36）。

表 2-36 我国清洁生产法律、规章及管理文件

年份	发布部门	法律、规章和管理文件
2003	国家环境保护总局	关于贯彻落实《清洁生产促进法》的若干意见
	国务院	转发发展改革委等部门关于加快推行清洁生产意见的通知
2004	财政部	中央补助地方清洁生产专项资金使用办法
2005	国家环境保护总局	关于印发重点企业清洁生产审核程序的规定的通知
2008	环境保护部	关于进一步加强重点企业清洁生产审核工作的通知
	环境保护部	重点企业清洁生产审核评估验收实施指南
2009	财政部、工业和信息化部	关于加强促进工业和信息化部门清洁生产的通知
	财政部、工业和信息化部	中央财政清洁生产专项资金管理暂行办法
2010	环境保护部	关于深入推进重点企业清洁生产的通知
2011	环境保护部	重点企业清洁生产行业分类管理名录
2012	全国人民代表大会常务委员会	中华人民共和国清洁生产促进法（修订）
2016	国家发展和改革委员会、环境保护部	清洁生产审核办法
2018	生态环境部、国家发展和改革委员会	清洁生产审核评估与验收指南

2012 年 2 月 29 日，《中华人民共和国清洁生产促进法》（主席令第 54 号）由第十一届全国人民代表大会常务委员会第二十五次会议修订通过，自 2012 年 7 月 1 日起实施。修改后的《清洁生产促进法》明确了应当实施强制性清洁生产审核的三种情形：

①污染物排放超过国家或者地方规定的排放标准，或者虽未超过国家或者地方规定的排放标准，但超过重点污染物排放总量控制指标的。

②超过单位产品能源消耗限额标准构成高耗能的。

③使用有毒、有害原料进行生产或者在生产中排放有毒、有害物质的。

随着新法的实施，有关部门修订并发布了《清洁生产审核办法》（国家发展和改革委员会　环境保护部令　第 38 号），进一步理顺了清洁生产审核管理机制，明确了清洁生产审核评估验收制度的重点内容。2018 年，配套出台了《清洁生产审核评估与验收指南》（环办科技〔2018〕5 号），为支撑行业开展清洁生产工作，指导地方和企业开展清洁生产审核提供了法律依据。

2.5.2　印刷业清洁生产评价指标体系

国家发展和改革委员会发布了《印刷业清洁生产评价指标体系》，对于印刷业生产工序中的挥发性有机物的计算公式、排放量、产生量等进行了说明，此外还对污水排放、固体废物处置进行了规定（表 2-37 至表 2-41）。

表 2-37 平版印刷清洁生产评价指标项目、权重和基准值

一级指标	权重值	二级指标		单位	权重值	I 级基准值	II 级基准值	III级基准值
生产工艺及装备指标	0.21	CTP 制版占比		%	0.2	≥85	≥75	≥65
		环保型油墨占比	出版物及商业印刷	%	0.2/n	≥90	≥75	≥60
			包装	%	0.2/n	≥80	≥60	≥40
		润版液醇类添加百分比		%	0.2	0	≤5	≤10
		油墨清洗剂挥发性有机物（VOCs）含量		%	0.1	≤50	≤70	≤95
		印刷设备自动化		—	0.1	印刷上版、卸版洁版、油墨预置等工序全部实现自动化	油墨预置全部实现自动化	
		其他原辅材料	环保型上光油使用占比	%	0.2/n	100	≥75	≥60
			环保型覆膜胶使用占比	%	0.2/n	100	≥75	≥60
资源与能源消耗指标	0.22	单位产品综合能耗	出版物	tce/千色令	0.31/n	≤0.4	≤0.7	≤1.1
			纸质包装	tce/千色令	0.31/n	≤1	≤1.8	≤3
		单位产品新鲜水消耗	出版物	m^3/千色令	0.31/n	≤13	≤23	≤35
			纸质包装	m^3/千色令	0.31/n	≤30	≤40	≤45
		单位产品有机溶剂使用量	出版物	kg/千色令	0.38/n	≤10	≤35	≤40
			纸质包装	kg/千色令	0.38/n	≤45	≤70	≤80
产品特征指标	0.05	产品一次交检合格率[a]		%	0.4	>99	>97	>95
		环境标志产品技术要求		—	0.6	符合 HJ 2503		

一级指标	权重值	二级指标		单位	权重值	I 级基准值	II 级基准值	III级基准值
污染物产生指标	0.3	*单位产品废水产生量	出版物	m^3/千色令	0.3/n	≤5	≤10	≤27
			纸质包装	m^3/千色令	0.3/n	≤22	≤30	≤35
		*单位产品挥发性有机物（VOCs）产生量	出版物	kg/千色令	0.35/n	≤8.3	≤31.25	≤66.0
			纸质包装	kg/千色令	0.35/n	≤8.3	≤31.25	≤66.0
		单位产品一般工业固体废物产生量		kg/千色令	0.15	≤500	≤1 000	≤1 500
		*单位产品危险废物产生量		kg/千色令	0.2	≤3	≤6	≤10
资源综合利用指标	0.09	一般工业固体废物集中回收率		%	0.4	100	＞90	＞80
		废冲版水循环		—	0.3	冲版水实现过滤循环使用，定期更换的废冲版水收集处置，不外排	冲版水实现过滤循环使用	
		废润版液循环		—	0.3	润版液水箱实现过滤循环，定期更换的废润版液收集处置，不外排	润版液水箱实现过滤循环	
清洁生产管理指标	0.13	详见本书表 2-41						

注：带*为限定性指标。

a 是指生产过程中对主要工序的半成品初次检验合格率。

表 2-38　凹版印刷清洁生产评价指标项目、权重和基准值

一级指标	权重值	二级指标		单位	权重值	Ⅰ级基准值	Ⅱ级基准值	Ⅲ级基准值
生产工艺及设备指标	0.21	环保型油墨使用占比	纸包装	%	0.2/n	≥70	≥50	≥30
			塑料包装	—	0.2/n	不含苯类、乙二醇醚及酯类、卤代烃类、醇类、烷烃、酮类	不含苯类、乙二醇醚、卤代烃类、烷烃、酮类	
		稀释剂		%	0.2	不含苯类、乙二醇醚及酯类、卤代烃类、醇类、烷烃、酮类	不含苯类、乙二醇醚、卤代烃类、烷烃、酮类	
		印刷机自动化		—	0.2	印刷机组全部达到自动化（自动套准、自动张力控制、自动换卷、自动翻转、自动收纸）	50%的印刷机组达到自动化（自动换卷、自动翻转、自动收纸）	
		供墨系统		—	0.2	采用自动密闭式循环供墨方式		采用循环供墨方式
		其他原辅材料	环保型上光油使用占比	%	0.2/n	100	≥75	≥60
			环保型覆膜胶使用占比	%	0.2/n	≥80	≥60	≥30
资源与能源消耗指标	0.22	单位产品/产值综合能耗	纸质包装	tce/千色令	0.32/n	≤1.0	≤1.8	≤3.0
			塑料包装	tce/万元	0.32/n	≤0.09	≤0.105	≤0.150
		单位产品/产值新鲜水消耗	纸质包装	m^3/千色令	0.26/n	≤1.0	≤1.8	≤3.0
			塑料包装	m^3/万元	0.26/n	≤1.1	≤2.5	≤3
		单位产品/产值有机溶剂使用量	纸质包装	kg/千色令	0.28/n	≤70	≤85	≤90
			塑料包装	kg/万元	0.28/n	≤40	≤50	≤70
		单位产品胶黏剂使用量		kg/千色令	0.14	≤100	≤160	≤200

一级指标	权重值	二级指标		单位	权重值	Ⅰ级基准值	Ⅱ级基准值	Ⅲ级基准值
产品特征指标	0.05	产品一次交检合格率[a]		%	0.4	>99	>97	>95
		环境标志产品技术要求		—	0.6	符合 HJ 2539		
污染物产生指标	0.3	*单位产品/产值废水产生量	纸质包装	m^3/千色令	0.25/n	≤0.8	≤1.44	≤2.4
			塑料包装	m^3/万元	0.25/n	≤0.88	≤2	≤2.4
		*单位产品/产值挥发性有机物（VOCs）产生量	纸质包装	kg/千色令	0.35/n	≤0.69	≤1.85	≤15.56
			塑料包装	kg/万元	0.35/n	≤0.94	≤6.28	≤16.67
		单位产值一般工业固体废物产生量		kg/万元	0.1	≤50	≤100	≤150
		*单位产值危险废物产生量		kg/万元	0.3	≤0.08	≤0.1	≤0.2
资源综合利用指标	0.09	一般工业固体废物回收率		%	1	100	>90	>80
清洁生产管理指标	0.13	详见本书表 2-41						

注：带*为限定性指标；

a 是指生产过程中对主要工序的半成品初次检验合格率。

表 2-39 凸版印刷清洁生产评价指标项目、权重和基准值

一级指标	权重值	二级指标		单位	权重值	Ⅰ级基准值	Ⅱ级基准值	Ⅲ级基准值
生产工艺及设备指标	0.21	CTP 制版占比		%	0.2	≥80	≥60	≥40
		环保型凸印油墨使用占比		%	0.3	≥95	≥80	≥70
		供墨系统		—	0.1	采用自动密闭式循环供墨方式	采用敞开式供墨方式，油墨实现循环使用	
		其他原辅材料	环保型上光油使用占比	%	0.2/n	100	≥85	≥80
			环保型覆膜胶使用占比	%	0.2/n	100	≥85	≥80
		模切工艺		—	0.2	采用轮转式模切工艺的产品≥80%	采用轮转式模切工艺的产品≥60%	采用轮转式模切工艺的产品≥30%
资源与能源消耗指标	0.22	单位产品/产值综合能耗	纸质包装	tce/千色令	0.32/n	≤1	≤1.8	≤3
			塑料包装	tce/万元	0.32/n	≤0.060	≤0.072	≤0.180
		单位产品/产值新鲜水消耗	纸包装	m^3/千色令	0.26/n	≤5	≤7	≤9
			塑料包装	m^3/万元	0.26/n	≤2.5	≤3.0	≤4.1
		单位产品/产值有机溶剂使用量	纸质包装	kg/千色令	0.28/n	≤70	≤85	≤90
			塑料包装	kg/万元	0.28/n	≤0.5	≤0.7	≤1
		单位产品胶黏剂使用量		kg/千色令	0.14	≤100	≤160	≤200
产品特征指标	0.05	产品一次交检合格率[a]		%	1	>99	>97	>95

一级指标	权重值	二级指标		单位	权重值	Ⅰ级基准值	Ⅱ级基准值	Ⅲ级基准值
污染物产生指标	0.30	*单位产品/产值挥发性有机物（VOCs）产生量	纸质包装	kg/千色令	0.35/n	≤8.3	≤31.25	≤66.0
			塑料包装	kg/万元	0.35/n	≤0.94	≤6.28	≤16.67
		*单位产品/产值废水产生量	纸质包装	m^3/千色令	0.25/n	≤4.0	≤5.6	≤7.2
			塑料包装	m^3/万元	0.25/n	≤2.0	≤2.4	≤2.9
		单位产值一般工业固体废物产生量		kg/万元	0.1	≤50	≤100	≤150
		*单位产值危险废物产生量		kg/万元	0.3	≤0.08	≤0.1	≤0.2
资源综合利用指标	0.09	废水循环利用率		—	0.6	有污水处理装置，循环利用率 100%	有污水处理装置，循环利用率≥80%	有污水处理装置，循环利用率≥50%
		一般工业固体废物回收率		%	0.4	100	＞90	＞80
清洁生产管理指标	0.13	详见本书表 2-41						

注：带*为限定性指标；

a 是指生产过程中对主要工序的半成品初次检验合格率。

表 2-40 丝网印刷清洁生产评价指标项目、权重和基准值

一级指标	权重值	二级指标		单位	权重值	Ⅰ级基准值	Ⅱ级基准值	Ⅲ级基准值
生产工艺及设备指标	0.21	CTP 制版占比		%	0.2	100		≥75
		环保型丝网油墨使用占比		%	0.3	100	≥60	≥40
		油墨清洗剂挥发性有机物（VOCs）含量		%	0.3	≤35	≤55	≤80
		其他原辅材料	环保型上光油使用占比	%	0.2/n	100	≥70	≥60
			环保型覆膜胶使用占比	%	0.2/n	实现无胶复合	≥85	≥80
资源与能源消耗指标	0.22	单位产值综合能耗		tce/万元	0.3	≤0.060	≤0.072	≤0.180
		单位产值新鲜水消耗		m^3/万元	0.3	≤2.3	≤3.0	≤4.1
		单位产值有机溶剂使用量		kg/万元	0.4	≤0.5	≤0.7	≤1.0
产品特征指标	0.05	产品一次交检合格率[a]		%	1	>99	>97	>95
污染物产生指标	0.3	*单位产值挥发性有机物产生量		kg/万元	0.35	≤0.66	≤2.71	≤44.46
		*单位产值废水产生量		kg/万元	0.25	≤0.05	≤0.055	≤0.144
		单位产值一般工业固体废物产生量		kg/万元	0.1	≤50	≤100	≤150
		*单位产值危险废物产生量		kg/万元	0.3	≤0.08	≤0.1	≤0.2
资源综合利用指标	0.09	一般工业固体废物回收率		%	1	100	>90	>80
清洁生产管理指标	0.13	详见本书表 2-41						

注：带*为限定性指标；

a 是指生产过程中对主要工序的半成品初次检验合格率。

表 2-41 印刷业清洁生产管理指标项目、权重及基准值

一级指标	权重值	二级指标	权重值	Ⅰ级基准值	Ⅱ级基准值	Ⅲ级基准值
清洁生产管理指标	0.13	*产业政策执行情况及环境法律法规标准执行情况	0.3	符合国家和地方相关产业政策；不使用国家和地方明令淘汰或禁止的落后工艺和设备；符合国家和地方有关环境法律、法规，污染物排放达到国家和地方排放标准、总量控制和排污许可证管理要求。按行业无组织排放监管的相关政策要求，加强对无组织排放的防控措施，减少生产过程无组织排放		
		环境管理制度及执行情况	0.05	按照 GB/T 24001 建立环境管理体系，并取得认证，能有效运行；环境管理程序文件及作用文件齐备	按照 GB/T 24001 建立环境管理体系，并能有效运行；环境管理手册、程序文件及作用文件齐备	环境管理手册、程序文件及作用文件齐全
		职业健康安全管理制度及运行情况	0.05	建立职业健康安全管理体系，并有效运行		
		节能减排管理制度及执行情况	0.05	建立节能减排管理制度，并有效执行		
		原辅材料及成品库管理情况	0.05	有完善的原辅材料以及产品的管理规章制度，并有效实施		
		清洁能源	0.1	全部使用清洁能源[a]		
		一般固体废物管理	0.05	对一般固体废物进行分类处理，可回收的回收处置，不可回收的交相关单位处理、处置，不外排		
		*危险废物管理	0.1	建有相关管理制度，台账记录、转移联单齐全；危险废弃物贮存符合 GB 18597 等污染控制标准要求		
		开展清洁生产审核情况	0.1	企业开展了清洁生产审核，并建立了持续清洁生产机制		企业开展了清洁生产审核
		清洁生产部门和人员配备	0.05	设有清洁生产管理部门，配备专职管理人员且岗位职责分工明确		设有清洁生产管理部门，配备兼职管理人员且岗位职责分工明确
		环境监测及信息公开	0.1	建立主要污染物监测制度，应按相关部门要求定期进行环境监测和信息公开		

注：带*为限定性指标。

3 印刷行业生产工艺及产排污环节

3.1 印刷行业不同生产工艺及产排污环节

传统印刷工艺主要有平版印刷、凸版印刷、凹版印刷和孔版印刷。现代印刷相比传统印刷又增加了数字印刷，数字印刷是利用印前系统将图文信息直接通过网络传输到数字印刷机上印刷出彩色印品的一种新型印刷技术。传统印刷和数字印刷在印刷原理、印刷工艺、印刷适性、适用范围等方面存在很大差异。数字印刷可以一张起印、数据可变，还可使图文以各种介质进行传播，大大提高了数码成像的商业运用范围。本书主要介绍的印刷行业清洁生产政策与技术主要针对传统印刷工艺，不包含数字印刷。

平版印刷、凸版印刷、凹版印刷和孔版印刷工艺各不相同，但废水、废气（主要为 VOCs）、固体废物来源和排放方式基本类似。VOCs 排放主要集中在印刷、烘干、复合等生产工艺过程中，一般来源于所使用的原辅材料，如油墨、清洗剂、稀释剂、润版液和黏合剂等，以及印后使用黏合剂的复合过程、印后的覆膜工序和上光工序。可能的排放途径一般包括油墨调配过程溶剂挥发、印刷过程油墨溶剂挥发和烘干阶段、印后复合过程及设备清洗过程等。图 3-1 为印刷工艺流程及主要产污环节。

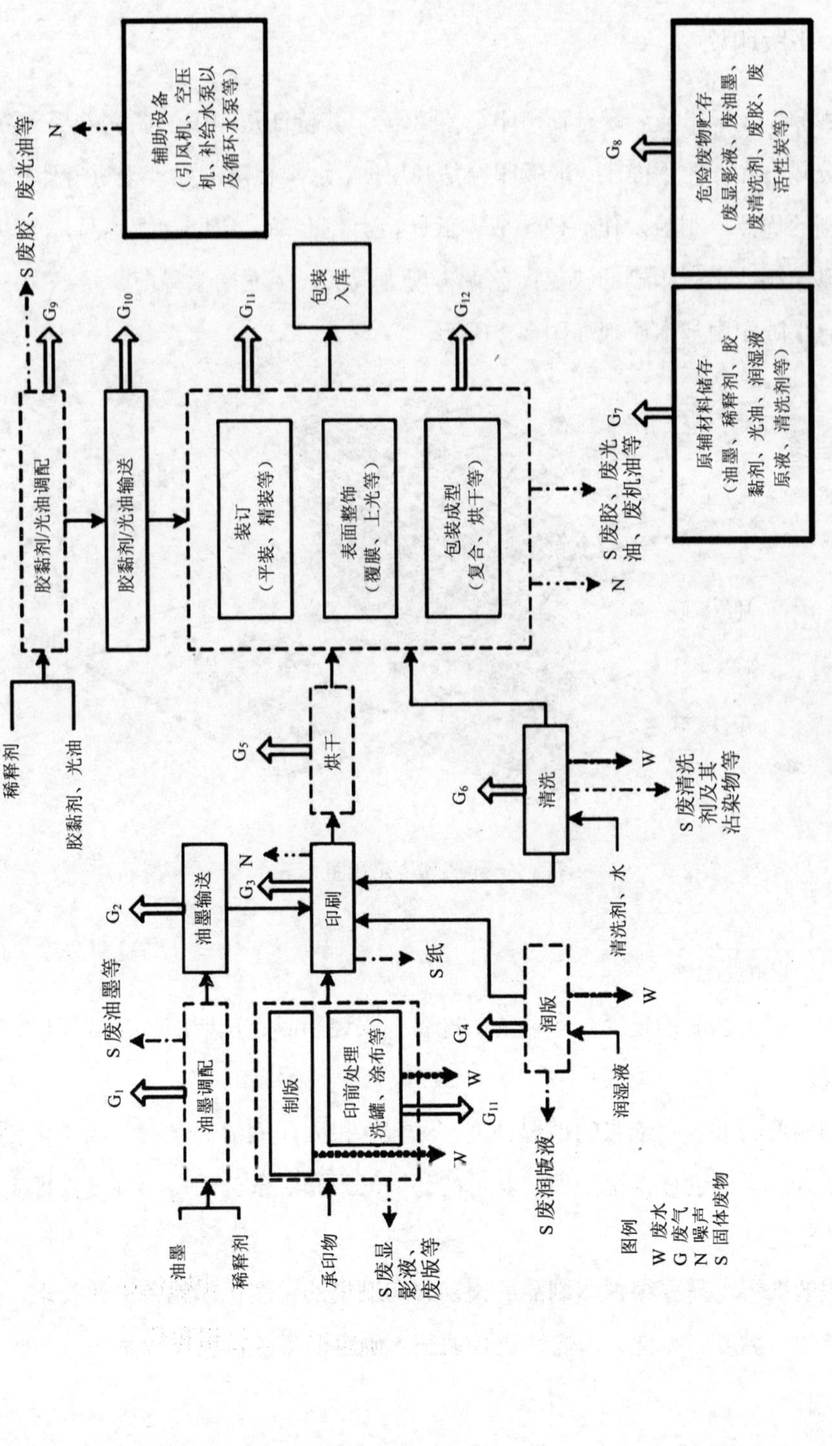

图 3-1 印刷工艺流程及主要产污环节

3.1.1 平版印刷

平版印刷（平印）又称为胶印印刷（胶印），其特征是印版的图文着墨部分和空白部分几乎在同一平面上。平版印刷是利用油、水不相溶的原理来进行印刷的。平版印刷的优点：制版工作简便，成本低廉，套色准确，印刷制版容易，可以承印大批量印刷。平版印刷的缺点：色调再现力减低，版面油墨稀薄，特殊印刷应用有限。平版印刷基本原理如图 3-2 所示。

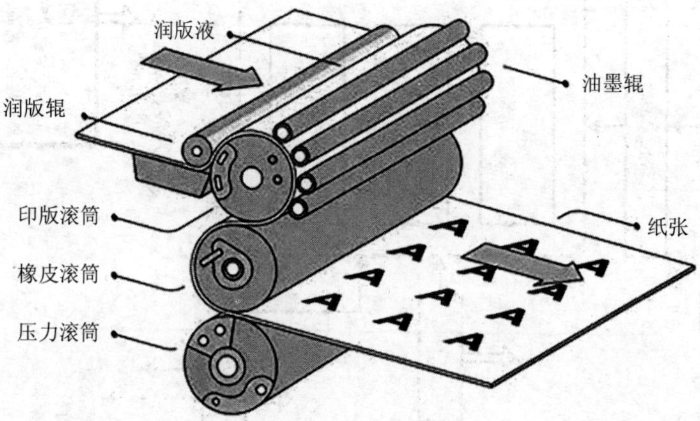

图 3-2　平版印刷示意图

（1）工艺流程

平版印刷工艺流程包括：印刷前的准备、安装印版、试印刷、正式印刷、印后处理等。

①印刷前的准备。纸张的调湿处理。纸张在投入印刷前，尤其是用于多色胶印机的纸张，需要进行调湿处理。其目的是降低纸张对水分的敏感程度，提高纸张尺寸的稳定性。

油墨的准备。需要根据印刷品的类别、印刷机的速度、印刷色序等要求，对油墨的色相、黏度、黏性、干燥性进行调整。确定油墨的色相和数量。

印版的准备。从制版车间领到上机的印版时，要对印版的色别进行复核，以免发生版色和印刷单元油墨色相不符的问题。平版的浓淡层次，是用网点百分比来表现的。网点百分比过大，墨色过深；反之，墨色过浅。过深、过浅的印版需要修正电子文件并重新晒版。此外，还要检查印版的规线、切口线、版口尺寸等。

润湿液准备。一般在水中加入磷酸盐、磷酸、柠檬酸、乙醇、阿拉伯胶以及表面活性剂等化学组分，一般分为普通润湿液、酒精润湿液和非离子表面活性剂润湿液。印刷时，润湿液在印版的空白部分形成均匀的水膜，防止脏版。当空白部分的亲水层被磨损，电解质与铝或锌反应，形成新的亲水层，维护空白部分的亲水性。润湿液能降低印版的温度，减小网点扩大值。PS 版使用的润湿液为弱酸性，pH 为 5～6，报纸印刷因使用略显酸性的纸张，可以使用弱碱性的润湿液。

色序的安排。根据原稿的内容和特点，以及网点覆盖面积的大小等因素确定印刷色序。

水辊绒、橡皮布、衬垫等材料的准备。平版印刷机橡皮滚筒的表面包覆着由橡皮布和衬垫材料组成的包衬。包衬视硬度不同分为硬性、中性和软性等三种，硬性包衬一般用于多色、高速胶印机，软性包衬常用于精度低的胶印机，中性包衬的性能介于硬性和软性之间，应用范围较广。

②安装印版。将印版连同印版下的衬垫材料，按照印版的定位要求，安装并固定在印版滚筒上。

③试印刷。印版安装好以后，就可以进行试印刷，主要操作有：检查胶印机输纸、传纸、收纸的情况，并做适当的调整以保证纸张传输顺畅、定位准确；以印版上的规矩线为标准，调整印版位置，达到套印精度的要求；校正压力，调节油墨、润湿液的供给量，使墨色符合样张；印出开印样张，审查合格，即可正式印刷。

④正式印刷。在印刷过程中要经常抽出印样检查产品质量，其中包括套印是否准确、墨色深浅是否符合样张、图文的清晰度是否能满足要求、网点是否发虚、空白部分是否洁净等。同时，要注意机器在运转中有无异常，发生故障即

时排除。

⑤印后处理。墨辊、墨槽的清洗，印版表面涂胶或去除版面上的油墨，印张的整理检查以移交下道工序加工，印刷机的保养以及作业环境的清扫等。

（2）产排污环节

平版印刷企业所使用的油墨包括溶剂型油墨、植物大豆油墨，UV 固化油墨和水性油墨，其中溶剂型油墨 VOCs 含量较高，是平版印刷企业主要的 VOCs 排放源。此外，平版印刷在生产过程中所使用的有机溶剂型洗车水及润版液等也是 VOCs 排放源之一。

3.1.2 凹版印刷

凹版印刷是使整个印版表面涂满油墨，然后用特制的刮墨刀，把空白部分的油墨去除干净，使油墨只存留在图文部分的网穴之中，再在较大的压力作用下，将油墨转移到承印物表面，获得印刷品。凹版印刷属于直接印刷，印版的图文部分的网穴凹陷深度随图像的层次有深浅的不同。凹版印刷基本原理如图 3-3 所示。

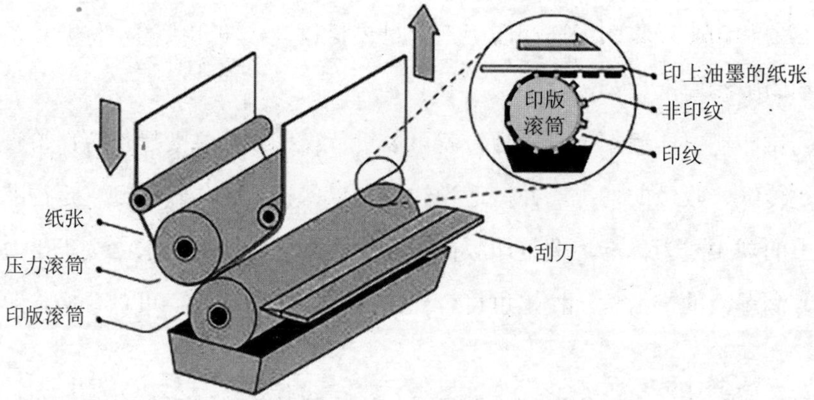

图 3-3 凹版印刷示意图

（1）工艺流程

凹版印刷的生产工艺流程分为印前准备、上版、调整规矩、正式印刷、印后处理。

①印前准备。凹版印刷的准备工作包括：根据施工单的要求，准备承印物、油墨、刮墨刀等，还要对印刷机进行润滑。

检查原辅材料是否符合印刷要求。塑料薄膜是凹版印刷主要的承印物，常用的塑料薄膜有聚乙烯、聚丙烯、聚氯乙烯等，因为塑料薄膜表面光滑、黏附油墨的性能差，所以在印刷前要对薄膜表面进行处理。一般采用电晕处理，该方法是将塑料薄膜在两个电极中穿过，利用高频振荡脉冲迫使空气电离产生放电现象形成电晕，游离的氧原子与氧分子结合生成臭氧，以提高薄膜的表面张力和粗糙度，有利于油墨和黏合剂的附着。

调配油墨。凹版印刷采用挥发性溶剂油墨，黏度低，流动性好，附着力强。常用的溶剂有甲苯、二甲苯、汽油、酒精等，印刷过程中还需在油墨中加入适量的溶剂稀释，经过滤后再使用。

检查印版。印版是印刷的基础，直接关系到印刷质量，上版前需对印版进行复核。检查网点是否整齐、完整，镀铬后的印版是否有脱铬的现象。文字印版要求线条完整无缺，不能断笔少道划。印版经详细检查后，才可安装在印刷机上。

②上版。上版操作中，要特别注意保护好版面不被碰伤，把印版滚筒紧固在印刷机上，防止正式印刷时印版滚筒的松动。

③调整规矩。印刷前的准备工作完成之后，再仔细校准印版，检查给纸、输纸、收纸、推拉规矩的情况，并做适当调整，校正压力，调整好油墨供给量，调整好刮墨刀。刮墨刀的调整，主要是调整刮墨刀对印版的距离以及刮墨刀的角度，使刮墨刀在版面上的压力均匀又不损伤印版。

凹版印刷机最主要的特点是使用刮墨刀，刮除印版空白部分的油墨。刮墨刀是宽 60～80 mm、长 1 000～1 500 mm，依照印版滚筒尺寸而特别定制的钢片。

刮墨刀同印辊接触点切线之间的角度为 15°～45°，压力不宜过大。在正式印刷的过程中，要经常抽样检查网点是否完整，套印是否准确，墨色是否鲜艳，油墨的黏度及干燥是否和印刷速度相匹配，是否因为刮墨刀刮不均匀导致印张上出现道子、刀线等。凹版印刷的工作场地要有良好的通风设备，以排除有害气体，对溶剂应采用回收处理设备。印刷机上的电器要有防爆装置，经常检查维修，以免着火。

（2）产排污环节

凹印油墨是凹版印刷 VOCs 的主要来源。凹印油墨是由挥发性溶剂、颜料、填充料和助剂组成，不含植物油，其干燥方式多为挥发型。按照印刷基材的不同，凹版印刷油墨分为纸张凹印油墨、塑料凹印油墨、醇溶性凹印油墨等，纸张凹印油墨含有甲苯、二甲苯、汽油等溶剂，存在溶剂挥发带来的污染问题。凹版印刷采用的稀释剂会有甲苯、二甲苯、乙酸丙酯、丁酯、氟氯烃（即氟利昂）等，都具有强挥发性，会对环境造成较大污染，氟利昂可以破坏臭氧，同时对操作人员造成身体伤害。

凹版制版有腐蚀制版和雕刻制版两种方法，其中腐蚀制版使用化学溶液和腐蚀处理技术，要通过酸洗、镀铜、镀铬、三氯化铁腐蚀等过程，增加了化学物质的排放。雕刻制版虽然减少了三氯化铁的腐蚀，但是在制版前的加工和后加工中仍然还有酸洗、镀铜、镀铬的过程，由此产生废水。

3.1.3 凸版印刷

凸版印刷（凸印）的图文部分着色面明显高于空白部分，印版着墨时，油墨附着在印版的凸起部分，并在压力作用下转移到承印物上。传统的凸版印刷采用硬性的铜锌版，目前主要采用软质的树脂版及橡胶版。其中，柔性版印刷是凸版印刷中的一类，是未来大力推广的印刷方式。凸版印刷基本原理如图 3-4 所示。

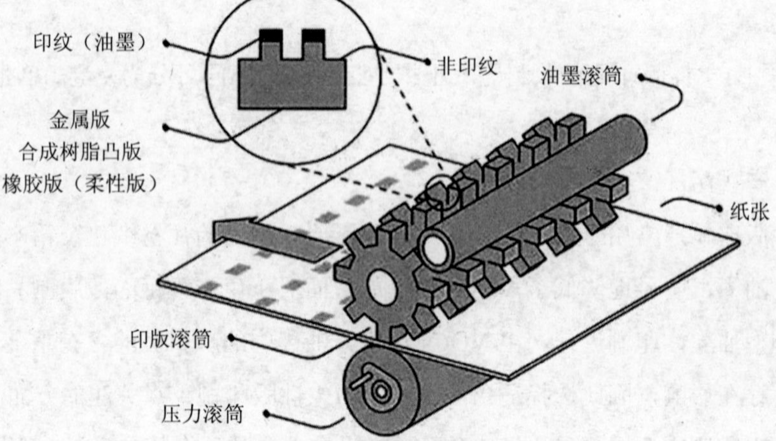

图 3-4 凸版印刷示意图

（1）工艺流程

凸版印刷的生产工艺流程为给料、印刷、烘干、印后加工、收料。

①给料。给料部分包括解卷、除尘纠偏和张力控制等主要操作，其作用是使传印材料准确、稳定地送入印刷部。

②印刷。印刷是柔性版印刷的一道关键工序，直接影响印刷质量。印刷过程中涉及的影响因素比较多，如承印材料、印版、油墨的印刷适性、网纹辊的传墨性能、印刷压力以及印刷机构的制造质量等。印刷本身更是一个多参数的动态过程，要求整合协调、有机配合，才能生产出高质量的印品。

③烘干。柔性版印刷速度较高，印刷过程中油墨来不及干燥，必须进行烘干才能保证印刷质量。烘干一般包括色间烘干和后烘干两部分。色间烘干置于各色组之间，在印刷过程中前一色的墨迹应得到充分的干燥后方可进入下一组印刷；后烘干装置设在印刷机组之后与印后加工之前的部位，承印物在后加工之前印刷的图文应充分干燥。

④印后加工。根据印刷品质量要求大多应进行印后加工，如上光、烫金、覆

膜、凹凸加工、压痕和模切等。印后加工与处理有脱机印后加工和联机印后加工两种形式。

⑤收料。柔性版印刷的收料方式根据加工对象的不同可分为复卷、单张收料、模切收料。

（2）产排污环节

柔性版印刷通常用于产品印刷，对于色彩要求不高的瓦楞纸包装箱产品一般使用水性油墨，明显地降低了 VOCs 的排放；而对于色彩鲜艳的薄膜制品则一般使用溶剂型油墨，印刷过程产生 VOCs 污染。油墨中的颜料有的含有重金属，对环境也会存在影响，因此选择适当的颜料成为柔性版印刷重点关注的方面。

柔性版印刷需要用到显影液，而显影液的构成多以氯化烃系溶剂（三氯乙烯）为主要溶剂，其中三氯乙烯是有毒性的，它在有光、空气、水分共存时，会分解产生有害的氯化氢酸性气体，引起金属锈蚀。另外，制版过程中，为了去掉版材表面的黏性，增强版的着墨力，需要用光照法或化学方法对版面去黏处理。传统的化学方法是用去黏液泡，去黏液含有氯化物、盐酸和溴化物，对环境有害。光照法是目前采用最普遍的方法，它是通过对溴溶液槽进行紫外线 C（UV-C 光源）照射来完成的，相对来讲其造成的污染要小得多，但经过微波照射后的溶液对环境也是有害的。

柔性版印刷用的网纹辊的清洗方法一般有强腐蚀化学清洗法、喷射清洗法、超声清洗法，其中强腐蚀化学清洗法使用了腐蚀性清洗剂（一般为碱溶液），会对环境有一定污染。

3.1.4 孔版印刷

孔版印刷又叫丝网印刷，即采用丝网做版材的一种印刷方式。具体的方法是在印版上制作出图文和版膜两部分，版膜的作用是阻止油墨的通过，而图文部分则是通过外力的刮压将油墨漏印到承印物上，从而形成印刷图形。比如说我们常见的汽车上的字体印刷、外包装盒上的图文印刷等，大多都是采用孔版的印刷方式。孔版印刷基本原理如图 3-5 所示。

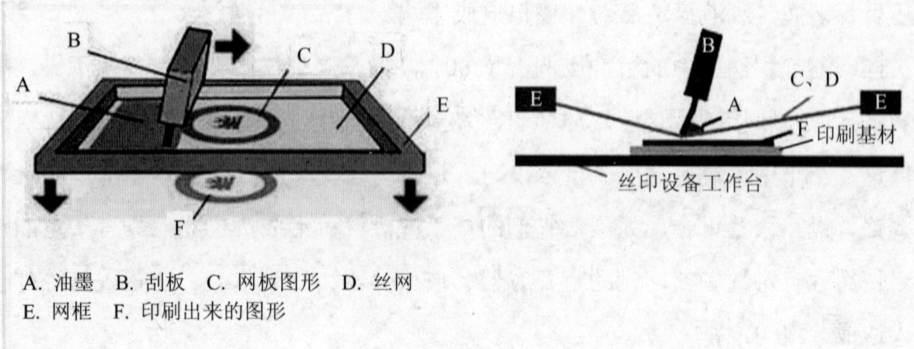

图 3-5 孔版印刷示意图

（1）工艺流程

丝网印刷，可以采用手工方式或机械方法进行，印刷原理一般是以手工印刷为基础的，工艺流程为：制成丝网版、晒版、显影、印刷、印品干燥、印刷成品。

①制成丝网版。采用手工或机械的方法，把丝网绷紧固定在版框上，然后涂布感光胶，烘干后待用。

②晒版。将分色胶片紧密贴于丝网版，吸真空后曝光。

③显影。用水冲洗曝光后的丝网版，图文部分透孔，然后干燥。

④印刷。将显影后的丝网版固定在丝网印刷机上后，并将承印物固定好位置，然后在丝网版上放置适当油墨，印制工或印刷机操作印刷刮板刮印油墨，将油墨转印到承印物上。

⑤印品干燥。丝印油墨比较厚实，需要时间晾干或烘干印刷品。UV 油墨和 UV 光油（局部上光）则需用紫外灯固化干燥。

⑥印刷成品。

（2）产排污环节

孔版印刷 VOCs 主要来源于油墨及清洗剂，使用溶剂型油墨时 VOCs 排放浓度相对较高。丝网制版用的感光材料常用的是重铬酸类感光材料，排出的废液中含有大量的六价铬，六价铬毒性很大，如果人体接触到含有六价铬的溶液就会产生皮炎等疾病，废液排放后对环境也造成影响。

丝印溶剂型油墨中的溶剂比例占了60%，挥发到空气中会造成环境污染，操作者吸入或皮肤接触到这些气体会引发许多不适症状。油墨中的一些助剂燃点比较低，在空气中聚集并达到一定浓度时，遇火易发生火灾。有些丝印油墨中含有铅、铬、镉、汞等重金属元素，它们的离子或蒸气可形成污染物，具有一定的毒性，使用含有毒性颜料印刷的陶瓷容器、玻璃容器、食品包装、儿童玩具等都会对人造成一定的危害。

3.1.5 复合工艺

复合工艺是指使用胶黏剂将不同的基材通过压贴黏合形成两种或多种材料的组合的一种印后加工方式，包含干式复合、湿式复合、挤出复合、热熔复合等工艺，其中干式复合工艺需要使用大量的胶黏剂和稀释剂，VOCs 排放量较大，且成分单一。

3.2 印刷行业主要污染物

3.2.1 废气污染（VOCs 污染）

印刷企业 VOCs 主要产生于含 VOCs 原辅材料（油墨、胶黏剂、光油等）的调配和输送，印刷、润版、烘干、清洗等工序及原辅材料贮存、危险废物贮存，主要通过溶剂的挥发、烘干以及复合过程中设备清洗剂的使用等进行排放，其中出版物、纸包装等的平版印刷工艺 VOCs 主要来自润版和清洗工序，塑料、纸包装的凹版印刷工艺 VOCs 主要来自印刷和复合工序。

同时，印后加工中也会产生大量的废气污染，如书刊装订中采用含有溶剂或

VOCs 排放量较高的黏合剂的装订工艺，表面整饰加工过程中采用溶剂型黏合剂覆膜或复合、采用溶剂型上光油上光以及 UV 上光固化、固化过程中产生臭氧，以及采用 VOCs 排放量较高的黏合剂进行裱糊糊盒、制袋（特别是对有塑料膜的覆膜材料进行黏合时）。

3.2.2 废水污染

印刷废水主要为显影废液、油墨、淀粉颗粒、微量不溶性杂质，以及维护印刷机械设备时产生的清洗液残液、废机油等，其除了含酸碱、色度高等以外，还具有 COD（化学需氧量）高的特征。印刷准备阶段废液污染主要来自印前制版废液。印刷过程产生大量的废液污染，主要为废润版液、废洗车水、零部件（如墨辊）清洗废液、废水等。

3.2.3 固体废物污染

印刷过程会产生大量的固体废物污染，主要包括废纸（卷筒纸废纸及单张纸废纸）、废印版、废油墨罐、废塑料桶、废塑料膜、废抹布、废油墨渣、废夹纸板及其他工业垃圾等。另外，还包括平版印刷机的喷粉工艺和高速轮转机产生的细粉尘污染。印后加工也会产生固体废物污染，如在裁切、模切清废过程中会产生大量的废纸、废瓦楞纸边、废卡纸边、废覆膜纸边等；在印后加工中产生的报废产品（如废书刊、废报纸、废纸盒、废纸箱、废包装袋、废塑料膜等）。另外还包括印后加工过程中以及真空废纸收集系统产生的粉尘污染。

3.2.4 噪声污染

印刷过程会产生噪声污染，如高速印刷机（特别是商业或报纸卷筒纸印刷机）以及配套的折页机、空压机、气泵等。印后加工设备，特别是高速折页机、糊盒机、空调机气泵、真空废纸收集系统的离心/抽风机等也会产生高分贝的噪声等。

3.2.5 其他污染

印刷企业在生产中还会产生其他污染，如制版车间的电磁辐射和紫外光辐射污染，食堂、住宿、洗浴等产生的生活污水和生活垃圾，厕所、保洁等产生的废液、废水等。

3.3 印刷行业特征污染物

3.3.1 原辅材料 VOCs 含量及特征污染物

挥发性有机物（VOCs）是印刷行业特征污染物。VOCs 是指熔点低于室温、沸点范围为 50～260℃的有机化合物。VOCs 对人体健康和大气环境可产生不可忽略的危害，一方面，VOCs 中部分化合物对人体具有急性和长期的毒性；另一方面，大多数 VOCs 具有光化学反应活性，近年来工业 VOCs 排放的迅速增加，是导致城市灰霾和光化学烟雾的主要原因之一。目前国内对 VOCs 排放清单的研究表明：溶剂使用对 VOCs 排放的贡献率较为突出，主要包括印刷业、家具制造业、涂料使用、制鞋业等。

印刷行业 VOCs 排放来源于有机溶剂含量高的原辅材料，如油墨、润版液、清洗剂、洗车水等，可能的排放途径有油墨调配过程溶剂挥发、印刷过程油墨溶剂挥发、烘干阶段、复合过程及设备清洗过程等。从印刷方式来看，凹印工艺 VOCs 排放量最大：凹印工艺所使用的油墨主要为溶剂型油墨，由于凹印油墨要保持较好的黏度和挥发速度，所以需要加入较大比例的有机溶剂作为稀释剂，因此在印刷品干燥过程中，会有大量 VOCs 从油墨中散发出来。

印刷行业主要生产工序含 VOCs 原辅材料的 VOCs 含量及特征污染物见表 3-1。

表 3-1 印刷主要生产工序含 VOCs 原辅材料的 VOCs 含量及特征污染物

生产工序		含 VOCs 原辅材料类型	VOCs 含量/%	特征污染物
印刷	平版	热固轮转胶印油墨	≤5	高沸点石油类
		单张纸胶印油墨、冷固轮转胶印油墨、UV 油墨	≤2	少量烷烃类、酮类、酯类
	凹版	溶剂型凹印油墨	65～85	醇类、酯类和芳烃类
		水性凹印油墨	≤30	醇类、醚类
	凸版	溶剂型凸印油墨	50～70	醇类
		水性凸印油墨	≤10	少量醇类
	丝网	溶剂型丝印油墨	40～60	酮类、醇类、醚类、酯类和芳烃类
		UV 丝印油墨	≤2	少量排出
复合		溶剂型胶黏剂	40～70	乙酸乙酯、乙醇
		水性胶黏剂	≤5	少量醇类
		无溶剂胶黏剂	≤0.5	基本不排出
润版		传统润湿液	10～15	异丙醇、乙醇
		无/低醇润湿液	5～10	异丙醇、乙醇
清洗		清洗剂	90～100	苯类、烃类、酯类
上光		溶剂型光油	40～60	醇类、酮类、苯类、酯类
		水性光油、UV 光油	≤3	少量排出

不同印刷工艺类型单位油墨 VOCs 基准产生量及产生浓度水平见表 3-2。

表 3-2 印刷生产单位油墨 VOCs 基准产生量及产生浓度水平

生产工艺	原辅材料及工艺类型		产污环节	单位油墨 VOCs 基准产生量[a]/（t VOCs/t 油墨）	VOCs 产生浓度水平[d]/（mg/m^3）
平版印刷	单张纸胶印	辐射固化油墨/植物油基胶印油墨	印刷、清洗、润版等	无/低醇润湿液 0.05～0.30	20～50
				传统润湿液 0.50～0.80	50～150
	热固轮转胶印（有二次燃烧）	植物油基胶印油墨	烘干、印刷、清洗、润版等	0.03～0.07	10～30
	冷固轮转胶印	植物油基胶印油墨	印刷、清洗、润版等	0.05～0.12	15～30
凹版印刷	溶剂型油墨		烘干	1.50～2.00	800～5 000
			印刷、清洗等		300～800
	水性油墨		烘干	0.10～0.30	100～500
			印刷、清洗等		50～200

生产工艺	原辅材料及工艺类型		产污环节	单位油墨 VOCs 基准产生量[a]/（t VOCs/t 油墨）	VOCs 产生浓度水平[d]/（mg/m^3）
凸版印刷	溶剂型油墨		烘干	1.00～1.20	400～800
			印刷、清洗等		100～200
	水性油墨		烘干	0.05～0.30	30～40
			印刷、清洗等		30～40
丝网印刷	溶剂型油墨		烘干	0.60～1.00	400～600
			印刷、清洗等		100～300
	UV 油墨		印刷、烘干、清洗等	0.05～0.10	20～50
复合/覆膜	干式复合	溶剂型胶黏剂	涂胶、烘干等	1.00～1.20[b]	300～1 000
	湿法复合	水性胶黏剂	涂胶、烘干等	0.03～0.05[b]	20～30
	无溶剂复合	无溶剂聚氨酯复合胶树脂	复合、覆膜等	≤0.01[b]	≤20
	共挤出复合	热熔型树脂	复合、覆膜等	≤0.01[b]	≤20
上光	溶剂型光油		烘干	0.80～1.50[c]	500～1 000
			上光、调配、清洗等		200～500
	水性光油、UV 光油		烘干、上光、清洗等	0.10～0.30[b]	20～30

注：a. 印刷企业或生产设施每消耗单位油墨量，含 VOCs 原辅材料（包括油墨、稀释剂、清洗剂、胶黏剂、润湿液等）在印刷、烘干、清洗、润版、复合等产污环节产生的 VOCs 总量，单位为 t VOCs/t 油墨；b. 单位胶黏剂 VOCs 产生量，单位为 t VOCs/t 胶黏剂；c. 单位光油 VOCs 产生量，单位为 t VOCs/t 光油；d. 以 NMHC 表征。

印刷行业生产过程大气污染物产生节点及 VOCs 排放占比见表 3-3。

表 3-3 印刷生产过程大气污染物产污节点及 VOCs 排放占比

产污位置	产污环节	污染物来源	各产污环节 VOCs 排放占比（约值）/%				
			平版印刷	凹版印刷	凸版印刷	丝网印刷	复合/涂布/上光等
调墨间或印刷车间	调墨	油墨、稀释剂	—	≤5	≤3	—	—
	油墨输送						
印刷机台	印刷	油墨、稀释剂	≤5	20～30	10～20	10～20	
	润版	润湿液、润湿液添加剂	30～60	—	—	—	
烘箱	印刷烘干	油墨、稀释剂	≤5	50～60	70～80	—	
生产设备、车间	清洗	清洗剂	30～60	5～10	5～10	80～90	≤5

产污位置	产污环节	污染物来源	各产污环节 VOCs 排放占比（约值）/%				
			平版印刷	凹版印刷	凸版印刷	丝网印刷	复合/涂布/上光等
库房、车间、危险废物间	原辅材料贮存	废油墨、废清洗剂	≤5	≤3	≤3	≤5	≤5
	危险废物贮存	废胶等	—	—	—	—	—
胶黏剂、光油调配间或机器旁	胶黏剂/光油调配	复合胶、覆膜胶、光油、稀释剂等	—	—	—	—	≤5
	胶黏剂/光油输送	—	—	—	—	—	—
复合机、覆膜机、上光机、涂布机等	覆膜、复合、上光、涂布等	复合胶、覆膜胶、光油、涂料、稀释剂等	—	—	—	—	10～20
烘箱	烘干	复合胶、覆膜胶、光油、涂料、稀释剂等	—	—	—	—	80～90

原辅材料对 VOCs 排放直接产生影响，印刷行业在生产过程中使用的原辅材料主要有油墨及其稀释剂、润版液、清洗剂、胶黏剂、上光涂料以及承印物等，除承印物以外其他在生产过程中均会释放出大量的 VOCs。广东省印刷企业相关研究显示，目前约有 70%的企业使用溶剂型油墨。溶剂型油墨一般由颜料、辅助剂、连接料和溶剂组成，在使用过程中还会根据生产需要添加数量不等的有机溶剂（稀释剂）。在凹版印刷工艺中，有机溶剂的添加量甚至超过了油墨量。有机溶剂主要含有乙醇、异丙醇、丁醇、丙醇、丁酮、醋酸乙酯、醋酸丁酯、甲苯、二甲苯等挥发性有机物，在印刷过程中由于加热干燥使颜料中吸附的 VOCs 释放出来，上墨面积较大、墨层较厚的印刷品在生产过程中释放的 VOCs 会更多。润版液主要用于平版印刷工艺，根据现场调查，目前平版印刷中胶印机所使用的润版液主要为离子型润版液，异丙醇、乙醇、乙二醇是离子型润版液的主要添加剂。清洗剂在印刷过程中广泛使用，其主要成分随印刷工艺不同而不同，见表 3-4。

表 3-4 油墨、稀释剂、润版液及清洗剂主要成分

印刷方式	油墨类型/主要成分	稀释剂主要成分	润版液类型/主要成分	清洗剂主要成分
平版印刷	溶剂型油墨颜料、合成树脂、植物油、矿物油、助剂、水溶型油墨颜料、乙醇、松香、水	二甲苯、环己酯、乙酯、乙醇、丙二醇甲醚、丙二醇醋酸酯、戊二酸二甲酯、异丙醇、水	离子型润版液异丙醇、乙醇、乙二醇离子型润版液、异丙醇、乙醇、乙二醇	汽油、甲苯、乙醇
凹版印刷	溶剂型油墨丁酮、甲基异丁基酮、甲苯、异丙乙醇、正丙醇、异丙酸、甲基乙丁醇、乙醇、丙糖、乙酸乙酯、乙酸丙酯	乙醇、正丙醇、异丙醇、甲基异丁基酮、丁酮、乙酸乙酯、正丙酯、甲苯、丙酸、异丙酸	—	乙醇、甲苯、乙酯、丁酮、异丙醇
凸版印刷	水溶型油墨丙二醇、水性丙烯酸乳液、水性颜料、水性消泡剂	乙醇、水	—	乙醇
丝网印刷	水溶型油墨树脂、水、颜料、助溶剂（酒精、乙二醇醚）、助剂、水溶剂型油墨颜料、合成树脂、芳烃类、醚类、异佛尔酮	乙醇、水、丙二醇甲醚、丙二醇甲醚醋酸酯、戊二酸二甲酯、异佛尔酮和石油醚	—	丙醇、二丙二醇单甲醚、正己烷

据调查，印刷企业的覆膜工艺中多采用溶剂型聚氨酯胶黏剂，平版印刷和凸版印刷工艺多采用白乳胶（聚醋酸乙烯乳液）和聚丙烯酸乳液作为黏合剂。溶剂型聚氨酯胶黏剂在使用过程中还会添加一定量的有机溶剂来稀释，胶黏剂类型及其主要成分见表 3-5。

表 3-5 胶黏剂类型及其主要成分

印刷方式	胶黏剂类型	主要成分	所用稀释剂
凹版印刷	溶剂型聚氨酯胶黏剂	聚氨酯胶体、醋酸乙酯	醋酸乙酯、乙醇
平版印刷、凸版印刷	聚醋酸乙烯乳液、聚丙烯酸乳液、植物淀粉	乙烯-聚醋酸乙烯共聚物、醋酸乙烯、丙烯酸淀粉、水	水、醋酸乙烯

上光涂料主要由主剂、助剂和溶剂三部分组成。主剂分为天然树脂和合成树脂；助剂包括固化剂、表面活性剂、增塑剂等；常用的溶剂有芳香烃类、酯类和醇类等。在上光过程中溶剂受热会有少量的挥发性有机物如甲苯、醇类释放出来。

3.3.2 排放特征

目前针对印刷行业 VOCs 排放特征的研究较少，只有一部分针对工业源和溶剂使用源的研究有所涉及。相关研究表明，印刷企业排气筒有组织排放的 VOCs（以非甲烷总烃表征）浓度差异很大，包装印刷企业 VOCs 排放浓度为 29.9～755.0 mg/m^3，出版物印刷企业 VOCs 排放浓度为 3.3～99.0 mg/m^3；各企业车间印刷工位中，包装印刷企业 VOCs 排放浓度为 129.7～958.4 mg/m^3，出版物印刷企业 VOCs 排放浓度为 19.1～113.7 mg/m^3；包装印刷企业排放的 VOCs 浓度普遍高于出版物印刷企业，这与其使用溶剂型油墨有关。

包装印刷行业 VOCs 以含氧 VOCs 为主，使用溶剂型油墨的企业，排放浓度最高的物质为溴二氯甲烷，使用溶剂型醇墨的企业，主要 VOCs 为乙醇。出版物印刷企业印刷工位排放的 VOCs 主要组分同样以含氧 VOCs 为主。VOCs 组分构成方面，包装印刷和出版物印刷企业印刷工位排放的 VOCs 中，含氧 VOCs 均为首要 VOCs 种类，占比为 32.6%～99.4%，其次是烷烃。臭氧生成潜势方面，印刷企业臭氧生成潜势（OFP 值）平均值为 505.5 mg/m^3，其中包装印刷企业为 564.1 mg/m^3、出版物印刷企业为 52.9 mg/m^3。臭氧生成系数（SR 值）平均值为 1.24 g/g，其中包装印刷企业为 1.70 g/g、出版物印刷企业为 0.89 g/g。从 OFP 值和 SR 值可以看出，包装印刷企业应作为未来印刷行业 VOCs 管控的重点。

4 印刷行业全过程环境整治提升方案

企业应根据实际情况优先采用污染预防技术，若仍无法稳定达标排放，应采用适合的末端治理技术。印刷产品应优化设计，在满足产品功能的前提下尽量减少图文部分覆盖比例、印刷色数、墨层厚度及复合层数。新建、改建、扩建项目应优先选择平版印刷、水性凸版印刷等污染物产生水平较低的印刷工艺。印刷企业应从以下几个方面开展全过程环境整治提升方案。

4.1 原辅材料源头替代

源头替代是印刷行业 VOCs 治理的根本措施，应推广使用低挥发性环保原辅材料。鼓励使用通过中国环境标志产品认证的油墨、清洗剂和润版液等环境友好型原辅材料。

①使用低 VOCs 含量的油墨。印刷企业须使用水性油墨、树脂型油墨、大豆油基胶印油墨、能量固化（UV、EB 固化油墨）等低 VOCs 含量的油墨。

②推广使用免酒精润版液。在胶印工艺中应使用免酒精润版液/无醇润版液，或低醇润版液（VOCs 含量 5%以下），应不使用或在少数情况下少量使用酒精或异丙醇作为润版液的添加剂（添加量≤3%）。

③推广使用环保型油墨清洗剂。应尽量不使用溶剂型油墨清洗剂（如乙酸乙酯等），推广使用低（不）挥发和高沸点的清洗剂，逐步推广使用 VOCs 含量≤85%的洗车水。

④溶剂型上光油可用水性上光油或 UV 上光油替代。在覆膜工艺中，使用预涂膜工艺来代替即涂膜工艺，或者使用水性覆膜胶，在印刷品装订工艺中使用水性胶黏剂或聚氨酯型（PUR）胶黏剂来代替溶剂型胶黏剂。

⑤含 VOCs 原辅材料年使用量在 10 t 以下的，全面实施源头替代措施。

⑥鼓励企业实施清洁生产，开展强制性清洁生产审核。

4.2 加强过程控制

①推广使用先进设备和技术。鼓励企业采用密闭型生产成套装置，推广使用自动清洗橡皮布装置、润版液循环过滤装置和冲版水过滤循环技术。鼓励企业实施柔性版印刷等技术改造。企业在现有平版印刷工艺技改时宜采用压力固化、调温固化、反应固化等平版印刷方式代替加热固化的平版印刷方式。

②规范原辅料储存。油墨、稀释剂、清洗剂等含 VOCs 的原辅料在非即用状态时，应加盖密封并密闭存放于安全、合规场所。废油墨、废清洗剂、废活性炭等含 VOCs 的危险废物，应分类放置于贴有标识的容器内，加盖密封，存放于安全、合规场所。确保贮存油墨、溶剂等的容器材质结实、耐用、无破损、无泄漏、封闭良好。减少使用小型桶装油墨、稀释剂，减少无组织废气排放。

③规范原辅料调配和转运。严格控制清洗剂或洗车水的调配量，推广使用清洗剂定量压盘装置。溶剂型油墨、稀释剂等调配应在独立密闭间内进行。鼓励对四色机或多色机使用集中供墨系统或袋装油墨，减少小罐墨的使用，降低油墨的损耗及减少油墨在印刷机的存放量；专色自行配墨工艺无集中供墨系统时，原辅料转运应采用密闭容器封存，缩短转运路径。

④规范原辅料使用与回收。严格控制车间内部的清洗剂或洗车水的 VOCs 挥发量，所有盛有油墨、清洗剂、洗车水的容器，在不使用时应加盖密封，使用后的废擦机布应及时放入有效密封的塑料袋（桶）中，作为危险废物处理。废油墨桶、废清洗剂桶等危险废物，应符合危险废物处理相关规定。

⑤印刷机清洗时应采用自动清洗、高压水洗或二级清洗等方式，清洗后废液不得造成二次污染。

⑥鼓励企业实施绿色印刷，执行绿色印刷标准，通过绿色印刷认证。

4.3 提高废气收集率

使用的原辅材料 VOCs 含量（质量比）≥10%的生产工艺装置或区域都应当对产生的 VOCs 废气进行收集。

①印刷过程应在密闭空间或设备中进行，无法设置密闭环境的，VOCs 排放工段和设备必须配备集气罩、排放管道等局部收集设施，应采用集气效率高的集气罩，保持罩口呈微负压状态，且罩内负压均匀。根据员工操作方式，尽量靠近污染物排放点，确保废气收集效率。应按照《排风罩的分类及技术条件》（GB/T 16758—2008）、《局部排风设施控制风速检测与评估技术规范》（AQ/T 4274—2016）规定的方法测量控制风速，测量点应选取在距集气罩开口面最远处的 VOCs 无组织排放位置，控制风速不应低于 0.3 m/s；排风罩（集气罩）设计应满足 GB/T 16758—2008 要求。

②废气收集可考虑靠墙式等距等高收集（管线过长时可考虑中高压中继风机），支管、汇管优化结构，气体输送管道与支管不得低于 60°，VOCs 污染气体收集与输送应满足《大气污染治理工程技术导则》（HJ 2000—2010）的要求，集气方向与污染气流运动方向一致，管路应有明显的颜色区分及走向标识。收集系统要与生产设备、废气处理设施同步启动。设备性能参数要与现场情况一致。

③要通过合理设计进风、出风风向、流速，实现印刷有机废气处于相对“封闭”的状态，防止紊流、旋涡带来的废气逸散。

④所有气体收集管路不得有破损。管线连接处需有密封垫。

4.4 提升污染治理水平

印刷过程产生的废气应根据废气产生量、污染物成分特征、风量和排放条件（温度、湿度、压力和颗粒物）等因素综合分析后，合理选择适宜的处理技术及设备。实行排放浓度与去除效率双重控制，治理设施去除效率不应低于80%且不产生二次污染，行业标准有更高要求的执行行业标准。

①对于技术先进、规模大、有实力的企业，废气经捕集后推荐采用活性炭吸附+催化燃烧在线或定期脱附再生方式处理。

②对于中小规模的企业，综合不同印刷工艺和原辅材料使用等实际情况，废气经捕集后推荐采用活性炭吸附+第三方脱附再生方式处理。

③规范工程设计。采用吸附处理工艺的，应满足《吸附法工业有机废气治理工程技术规范》（HJ 2026—2013）要求。采用催化燃烧工艺的，应满足《催化燃烧法工业有机废气治理工程技术规范》（HJ 2027—2013）要求。

④配套治理设施前端应设置纸毛、粉尘过滤系统，过滤系统要达到后续处理的高效、净化等级要求。

⑤在印刷企业比较集中地区，鼓励建立统一的活性炭再生中心，妥善解决废活性炭处置问题。

⑥妥善、及时处置次生污染物。废气处理产生的废水应定期更换和处理；废气处理产生的废过滤棉、废吸附剂等固体废物应按照相关危险废物管理要求规范处置，防范二次污染。

4.5 加强设施运行管理

①污染防治设施确保正常使用。企业污染防治设施按照计划需要拆除、闲置或因检修暂停使用的，应提前10个工作日向监管中队书面报告，检修期间，产生

污染物的工序不得生产使用；因突发故障不能正常运行的，应当及时采取措施修复，并在24小时内向监管中队报告，报告要说明故障原因，采取措施等。

②采用催化燃烧装置的设备其运行记录中必须包括催化剂种类、净化效率和空速、催化剂的装填、更换时间和数量。每日记录催化剂床进出口温度、压降等参数。

③吸附装置应记录吸附材料种类、更换/再生周期、更换量，并每日记录操作温度等参数，同时还应记录更换下来后的吸附材料的处置方式。

④应根据实际生产工况和治理设施的设计标准，建立相关的各项规章制度以及运行、维护和操作规程，明确耗材的更换周期和设施的检查周期，建立主要设备运行状况的台账制度，保证设施正常运行。

⑤推进生产设施与污染防治设施"分表计电"。企业的每套污染治理设备及其对应的生产设施均应独立安装智能电表，并与地区重点企业在线督查系统联网。智能电表需具备运行状态、实时电压、电流、功率数据采集上传功能，确保生产工艺设备、废气收集系统以及污染治理设施同步运行。

⑥VOCs 治理设施应保证在生产设施启动前开机，在生产设施运营全过程（包括启动、停车、维护等）保持正常运行，在生产设施停车后，将生产设施或自身存积的气态污染物全部进行净化后停机。VOCs 治理设施宜与生产设施联锁。

4.6 强化环保监督管理

4.6.1 落实监测监控制度

①废气处理设施的进口、出口均应设置永久性标准采样口，安装符合《气体参数测量和采样的固定位置》（HJ/T 1）要求的气体参数测量和采样的固定位装置，并满足《固定污染源排气中颗粒物和气态污染物采样方法》（GB/T 16157）规定的采样条件。排气筒高度按照环评制度要求设置，环保标志牌设置规范，废气

采样孔在采样结束后及时封闭。

②企业每年至少开展 1 次 VOCs 废气处理设施进、出口监测和厂界无组织监控浓度监测，重点企业废气处理设施监测每年不少于 2 次。监测需委托有资质的第三方进行，监测指标须包含颗粒物、主要特征污染物、非甲烷总烃和总 VOCs 等指标，并根据废气处理设施进、出口监测参数核算 VOCs 处理效率。地区环保局每半年对辖区内包装印刷企业开展废气监督性监测。鼓励企业配备便携式 VOCs 监测仪器，及时了解掌握排污状况。

③对于使用符合国家有关低 VOCs 含量的油墨和胶黏剂、排放浓度稳定达标且排放速率满足规定要求的，不建设或不运行 VOCs 末端治理设施的企业，应增加 VOCs 监控预警系统。在进口处设置 VOCs 监控预警系统，监控进口 VOCs 浓度不得高于执行标准的要求。

4.6.2 建立健全企业各类台账记录并严格管理

①生产信息：主要产品印刷量等生产基本信息。

②含 VOCs 原辅料（油墨、稀释剂、清洗剂、润版液、胶黏剂、复合胶、光油等）名称及其 VOCs 含量，采购量、使用量、库存量，原辅材料技术说明书，含 VOCs 原辅材料回收方式及回收量等。

③废气收集处理设施：废气处理设施进出口的监测数据（废气量、浓度、温度、含氧量等）；废气处理设施相关耗材（吸收剂、吸附剂、催化剂等）购买处置记录；废气收集和处理设施关键参数［一次性吸附剂更换时间和更换量、再生型吸附剂再生周期、更换情况、废吸附剂储存、处置情况、催化（床）温度、电或天然气消耗量、催化剂更换周期、更换情况等］。

纸质台账至少保存 3 年。

4.6.3 加强企业运行管理

①企业应系统梳理 VOCs 排放主要环节和工序，包括启停机、检维修作业等，

制定具体操作规范，落实专人管理，确保 VOCs 处理设施长期有效运行。

②加强洗车水方法以及其他相关方面的培训，加强固体废物（纸毛、废版等）的管理，健全内部考核制度，加强人员能力培训和技术交流。

③建立非正常工况申报管理制度，包括出现项目停产、废气处理设施停运、突发环保事故等情况时，企业应及时向当地环保部门进行报告并备案。

4.7 推行“一厂一策”制度

聘请专家团队对辖区内 VOCs 排放量较大的印刷企业开展“一厂一策”方案编制工作，明确原辅材料替代、工艺改进、无组织排放管控、废气收集、治污设施建设等全过程减排要求，环境空气污染不同等级应对措施，测算投资成本和减排效益，为企业有效开展 VOCs 综合治理提供技术服务。

5 印刷行业清洁生产技术

5.1 源头控制技术

5.1.1 原辅材料替代技术

（1）植物油基胶印油墨替代技术

该技术适用于所有可吸收性材料的平版印刷工艺。植物油基胶印油墨以植物油脂作为连结料，加以颜料和一些助剂等原料配制而成。连结料通常包括大豆油、菜籽油、棉籽油、葵花籽油、红花籽油和柯罗纳油等，主要是大豆油。植物油基胶印油墨分为热固轮转、单张纸和冷固轮转三种，热固轮转植物油基胶印油墨VOCs质量占比应小于等于5%，单张纸或冷固轮转植物油基胶印油墨VOCs质量占比应小于等于2%。采用植物油基胶印油墨替代矿物油基胶印油墨，可减少油墨VOCs产生量。

（2）无/低醇润湿液替代技术

该技术适用于平版印刷工艺，其中无醇润湿液替代技术适用于书刊、报纸及本册等的平版印刷工艺。采用无/低醇润湿液替代传统润湿液（由润湿液原液和润湿液添加剂如酒精及纯净水等组成），一般可减少润版工序VOCs产生量50%～90%。无/低醇润湿液原液VOCs质量占比应小于等于10%；无醇润湿液不含添加剂，低醇润湿液以乙醇或异丙醇作为添加剂，添加量应小于等于2%。

（3）水性凹印油墨替代技术

该技术适用于塑料表印、塑料轻包装及纸张凹版印刷工艺。水性凹印油墨由水溶性连结料、颜料、水、辅助有机溶剂以及助剂等组成，辅助有机溶剂一般为醇类和醚类。水性凹印油墨 VOCs 质量占比应小于等于 30%。采用水性凹印油墨替代溶剂型凹印油墨，VOCs 产生量一般可减少 30%～80%。但是，水性油墨的颜色饱和度、附着性能、干燥速度以及应用于薄膜基材的印刷品质等，目前与溶剂型油墨仍有一定差距。

（4）水性凸印油墨替代技术

该技术适用于纸包装、标签、票证、塑料包装、铝罐等的凸版（柔版）印刷工艺。水性凸印油墨由连结料、颜料、水以及助剂等组成。水性凸印油墨 VOCs 质量占比应小于等于 10%，采用水性凸印油墨替代溶剂型凸印油墨，VOCs 产生量一般可减少 80%以上。

（5）水性胶黏剂替代技术

该技术适用于方便面包装袋、膨化食品包装袋等轻包装制品的覆膜工序，以及纸包装的复合工序。水性胶黏剂以水作为分散介质，由基料、固化剂、促进剂、交联剂、填料以及助剂等组成，基料类型主要包括水性聚醋酸乙烯酯、水性丙烯酸酯、水性聚氨酯等。水性胶黏剂 VOCs 质量占比应小于等于 5%。采用水性胶黏剂替代溶剂型胶黏剂，VOCs 产生量一般可减少 90%以上。

（6）水性光油替代技术

该技术适用于书刊、画册、食品包装、药品包装等纸张印刷的上光工艺。水性光油由丙烯酸树脂乳液、水、助剂以及微粒石蜡等组成。水性光油 VOCs 质量占比应小于等于 3%。采用水性光油替代溶剂型光油，VOCs 产生量一般可减少 90%以上。

（7）UV 光油替代技术

该技术适用于纸张及金属的上光工艺，不适用于直接接触食品的产品的上光工艺。UV 光油借助于紫外光照射，使光油内的连结料发生交联反应，从而由液态转变为固态。UV 光油 VOCs 质量占比应小于等于 3%。采用 UV 光油替代溶剂型光油，VOCs 产生量一般可减少 90%以上。

5.1.2 无溶剂凹版印刷技术

无溶剂凹版印刷是将承印物表面的固含量 100%的油墨（即不含有任何有机溶剂），由辐射固化源通过辐射固化进行干燥的印刷方法，辐射固化源包括 UV、LED、OLED、EB 等。由于每一个色组所用的油墨均为 UV 油墨，油墨中不含任何有机溶剂，制版方式为凹版制版，故被称其为无溶剂凹版印刷，具有以下特点：

①UV-LED 层叠凹版印刷系统。通过该层叠式布置的 UV-LED 油墨印刷单元能够有效减小占用的空间，走模长度更短，损耗更低，无添加稀释剂，无气味，印刷完成后残留溶剂不会超标，且无须热风干燥、节省能源，实现废气零排放，对环境无任何污染。

②无溶剂凹版印刷制版。采用无溶剂凹版制版，制版的雕刻深度 $h<30\ \mu m$，压印胶辊和墨辊之间只有水平方向的作用力作用承印物保证质量，有效减少油墨的用量，降低成本。

③凹版印刷压印装置。保证了压印胶辊在压印时的精度，同时精简了压印企业的结构，降低了压印企业的成本。

软包装无溶剂凹版印刷机（图 5-1）的显著特点：

①无溶剂残留——VOCs 残留基本为零。

②降低能耗——节能 90%。

③减少损耗——节约走料长度 90%。

④安全性能高。

⑤印刷工艺特性——先进。

⑥印刷精度高。

图 5-1 无溶剂凹版印刷设备展示

无溶剂凹版印刷使用冷光源固化色墨，色墨不含有机溶剂，无溶剂挥发，不堵版、干版，干燥速度快，印刷网点更加清晰细腻，产品没异味。可降低能耗，节能 90%。运用冷光源固化干燥技术，色墨耗量是普通油墨的 1/3，在凹版印刷领域实现真正的无溶剂印刷。这种技术将凹版印刷工艺进行了一次全面的优化与升级，取代了凹版印刷传统的电、气、油等加热烘干方式，比传统印刷机干燥能耗大幅降低，可减少损耗，节约走料长度 90%。以展览机器为例，取消了传统凹版印刷机的烘道设计，展览机器长度由常规的 25 m 降低到 12 m，整机走料长度降低到 18 m，印刷路径随之缩短 2/3 以上，从而大幅减少走料的损耗。

5.1.3 氮气保护全 UV 固化凹印技术

（1）技术简介

传统的印刷工艺中 UV 油墨在凹印机上不能够实现完全干燥，必须寻求新的突破。该技术利用在特定波长下对 UV 可固化油墨的辐照固化，使油墨在无溶剂条件下干燥这一新思路，以及氮气保护装置新技术、紫外线固化油墨新方法，解决了 UV 油墨在凹印机上无法实现完全干燥的技术难题。使用氮气保护装置、UV

油墨在凹印机上完全干燥新工艺等新研发成果，成功改造实现了印刷行业 VOCs 零排放。

氮气保护干燥系统运行参数：制氮机，氮气控制浓度为 99.9%；耗氮量 20 m^3 标准氮/干燥宽度；干燥功率控制在 160 W/cm（灯管发光区）。

图 5-2 九色凹印刷机

图 5-3 改造后十色凹印机照片

（2）技术特点

①氮气在印刷行业中的运用。

②通过氮气在凹版印刷中的保护作用，实现了传统 UV 油墨在凹版印刷机上的应用，并解决了 UV 油墨在凹印机上无法完全干燥的难题。

③集成目前所有印刷工艺优势在凹版印刷机上。比传统胶印的网点还原性更好；比柔性印刷工艺更加环保，实现了 VOCs 零排放；实现网印中冰点、雪花和凸字等各种特殊印刷工艺。

④该项目所研发凹印机可以通过在原有传统凹印机上改造得以实现，节省了大量资源。

（3）实施效果

①环境效益。由于是氮气保护条件下的 UV 干燥，干燥时光引发剂吸收紫外光能量后产生游离基或离子不会被氧化，干燥时紫外光能量得到充分的利用，所以氮气保护条件下的 UV 干燥所耗能量是同等条件下的传统 UV 固化能量的 15%左右。

UV 油墨是环保型油墨，不含有机溶剂。在氮气保护条件下的 UV 干燥，由于没有氧化性气氛，就不会因氧化性气氛与氢键产生羟基和不饱和烃反应，造成小分子有机挥发性物质的产生，所以更环保。如果氮气保护控制在理想条件下，印刷品印刷时能实现 VOCs 零（或微）残留的目标。

根据印刷行业的不完全统计，2015 年全国仅烟包包装印刷过程中 VOCs 排放每年约为 78 万 t，严重污染大气。如果烟包印刷全部改为氮气保护全 UV 固化凹印技术，不仅每年能够帮助印刷企业大大降低运行成本，更是帮助印刷企业进行产业升级，源头上解决 VOCs 排放问题。

②经济效益。以此公司最新无溶剂印刷机 A380 为例，生产 1 万大箱烟包印刷进行计算，氮气保护全 UV 固化凹印技术节能减排效果较为明显。运行成本主要从能耗成本、油墨成本和 VOCs 排放成本进行比较分析。氮气保护全 UV 固化凹印技术仅为传统印刷技术的 19.2%，节约能耗 80%（表 5-1）。

表 5-1 能耗节约一览表

印刷工艺	功率/kW	用时/h	能耗/（kW·h）	电费/万元	备注
传统印刷	1 300	165	214 500	21.45	无溶剂印刷和传统印刷运行速率均为 150 m/min，该速度两种印刷方式均能容易达到，1 万大箱烟包印刷需要 165 h
无溶剂印刷	250	165	41 250	4.125	

氮气保护全 UV 固化凹印使用的油墨价格虽然高于普通油墨，但是用量仅为传统技术应用油墨量的 1/3（表 5-2）。

表 5-2 油墨成本节约一览表

印刷油墨	油墨用量/kg	油墨单价/（元/kg）	溶剂用量/kg	溶剂单价/（元/kg）	油墨费用/元	备注
溶剂油墨	11 000	36	11 000	6	46.2	1 万箱烟包印刷大约需要 UV 油墨 3.3 t；溶剂油墨需要 11 t，并且油墨与溶剂 1∶1 稀释，添加剂按市场最低价格计算
UV 油墨	3 300	100	0	6	33	

VOCs 排放费用成本比较。氮气保护全 UV 固化凹印在生产过程当中实现油墨全部固化，没有 VOCs 产生，VOCs 排放治理不用考虑（表 5-3）。

表 5-3 VOCs 排放费用比较一览表

印刷工艺	VOCs 排放量/kg	排放单价/（元/kg）	费用/元	备注
传统印刷	5 000	10	50 000	以目前价格最低的天津市 VOCs 排放单价 10 元/kg 为标准计算
无溶剂印刷	0	10	0	

以 1 万大箱烟包印刷生产为例，氮气保护全 UV 固化凹印运行成本优势较为明显，仅为传统印刷成本的 51.2%（表 5-4）。

表 5-4 总成本比较一览表

印刷工艺	能耗成本/万元	油墨成本/万元	VOCs 排放治理成本/万元	总计/万元	备注
传统印刷	21.45	46.2	5	72.65	无溶剂印刷成本仅为传统印刷成本的51.2%
无溶剂印刷	4.25	33	0	37.25	

5.1.4 无溶剂复合技术

无溶剂复合设备与工艺技术适用于各种卷筒型材料。无溶剂复合是使用聚氨酯胶黏剂通过反应固化将不同基材黏结在一起而获得新的功能性材料的一种工艺技术。无溶剂复合因为在整个复合过程中不需要使用挥发性溶剂而得名，以区别于传统的溶剂型复合工艺。

聚氨酯胶黏剂通常有双组分（称为主剂和固化剂）和单组分胶黏剂两类。在软包装领域，复合基材通常是各种塑料薄膜、镀铝膜、薄纸和铝箔等，常采用双组分胶黏剂。而在纸塑复合领域，则多使用单组分胶黏剂。

软包装的主要生产工艺流程由四大环节组成：印刷→复合→分切→制袋，其中印刷和复合是关键污染环节。该技术使用聚氨酯胶黏剂通过反应固化实现不同基材的黏结。全部工艺在低温或常温（35～45℃）状态下完成；使用多辊涂布，胶层薄，涂胶量只有溶剂型干式复合的1/3～1/2。

主要技术指标：相比溶剂型干式复合工艺，VOCs 减排率可达 99%以上。

技术特点：采用无溶剂胶黏剂代替溶剂型胶黏剂，从源头上避免了 VOCs 的使用与排放。

适用范围：软包装印刷及装饰、织物、皮革复合等领域。

5.1.5 水性上光技术

新型的水性上光油是一种水溶性乳液，其理化性质与其他包装物表面上光整饰材料（如溶剂型光油、磨光油、UV 光油等）相比，优点在于：①无毒、无公害，低残留气味。水性光油的主要成分是丙烯酸树脂，主要稀释剂是水和异丙醇（或乙醇）。还有少量的氨水和消泡剂等助剂，对人体和环境均无毒害，使用后在包装物上会有轻微的氨水味，但很快会挥发掉。而其他上光整饰材料的基材或溶剂大部分都含有芳香族化合物，在使用过程产生 VOCs。②具有良好的光泽度、耐磨性、爽滑性、耐水性、弹性和黏合烫箔性能。水性光油的干燥通过水分的渗透和蒸发来实现，需经热风烘干后才能加速干燥结膜，在包装物表面形成一层均匀的透明膜层。水性光油在大流量的热风下结膜的速度很快，厚度适中的水性光油在 80～90℃的大流量热风烘箱中，干燥结膜的时间为 1.5～2 s，适合印刷品的高速生产。干燥结膜后的水性光油不溶于水，这也是其具有耐水性能的原因；其光泽度、耐磨性、爽滑性比溶剂性光油好，比磨光油、UV 光油差；其弹性优于溶剂性光油、磨光油和 UV 光油，在模切、击凸、压痕的加工过程中不易爆裂；其黏合、烫箔的性能优于溶剂性光油、磨光油和 UV 光油，可用普通的白乳胶黏合，可用普通的电化铝箔烫金，无须特殊的黏胶剂和专用的烫金材料。③具有良好的润湿性、封闭性（湿压干）和稳定性，其润湿性（即与各种印刷油墨的亲和性）优于溶剂性光油、磨光油和 UV 光油，基本上能紧密地覆盖在任何种类的印刷油墨表面上，在与前一印色湿压干的过程中，不会出现“咬色”现象，能够保持水性光油膜层的纯净透明。在特殊印刷材料中，如热敏纸温变油墨、染料型油墨等的表面印刷涂布不会导致该材料变色。

5.1.6 预涂覆膜技术

覆膜就是将塑料薄膜，通常是双向拉伸聚丙烯薄膜（BOPP）、双向拉伸聚酯薄膜（BOPET）、双向拉伸尼龙薄膜（BOPA）及其派生薄膜，用胶黏剂（溶剂型、水性、热熔型）复合在印刷成品上（通常为印刷纸、纸板、塑料膜/板、金属板/箔、木板、陶瓷板等）的工艺过程。

预涂覆膜技术是用预先涂上热熔胶水（哑光胶、热敏胶）的塑料薄膜，利用加热令胶水熔化，在印刷品上复合，大大减少 VOCs 的释放（图 5-4）。

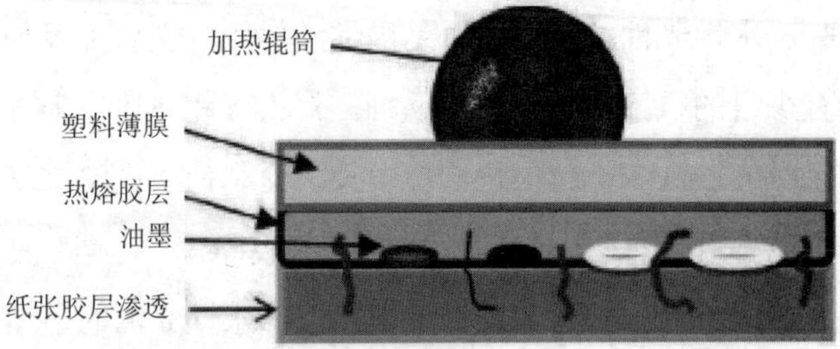

图 5-4 预涂覆膜原理

使用预涂覆膜技术，可以加快生产速度，在覆膜后可以立即进行再加工，无须干燥，减少后工序的等待时间，效率提高约 30%。预涂覆膜成本较高，需专用覆膜机。

5.1.7 共挤出复合技术

共挤出复合技术适用于印刷工业的复合膜生产工序。该技术采用两台或两台以上挤出机，将不同品种的树脂从一个模头中一次挤出成膜，在工艺过程中不使用胶黏剂等含 VOCs 原辅材料，可减少 VOCs 的产生量（图 5-5）。该技术只能用于热熔塑料与塑料的复合，其产品的原材料组合形式相对较少，适用范围较小。

图 5-5 复合挤出机

5.1.8 油墨管理控制

（1）印刷油墨准备

印刷油墨准备是指油墨方技术人员从购进油墨到油墨分发给印刷机操作班组之前的一系列步骤和程序。每个企业应制定完善的运作规则，使技术人员能够明确责任、与其他工序的人员良好沟通、并充分理解本职工作的难度，从而妥善管理油墨，并以最优化的方式将油墨提供给印刷机操作班，以期满足生产需求。

（2）配墨及配墨房设计

配墨房应借助于计算机网络系统与油墨制造商保持密切联系，同时也应与本企业的生产、管理和销售等和各部门建立数字化联络体系。

无论印刷方式、实际用途及印刷机类型如何，配墨房都必须建立一套能够控制所有关键工艺的完善系统。一个清洁生产的印刷企业的配墨房应在环境安全、颜色标准、打样系统、库存控制、使用记录、信息系统等方面制定完善的管理控制体系。

配墨作业是顺利实施印刷和纸品加工生产的关键步骤。印刷和纸品加工生产过程中成本最高的环节是印刷车间，因此应保持那些昂贵的印刷设备按照预定计划有条不紊地运行，为达到这个目的，配墨房每次必须为印刷车间提供适量而正确的油墨产品。虽然配墨房用手工方式混合油墨也许能够保证得到质量可靠、性能稳定的油墨，但采用具备一定计算机控制和自动化水平的油墨分配系统可更好地控制油墨质量，提高清洁生产水平。计算机配墨系统的印刷和纸品加工企业能够把印刷机的非生产时间减至最少，并且能够显著减少油墨使用量。同时该系统也能使回收的余墨能够快速得到再利用。配墨系统能够计算出为混合出特定颜色的油墨所需的各种组分的用量，并精确地定量供应这些组分。

计算机配墨系统有几个优点：

①油墨生产实行准时生产制（JIT）。自动分配系统能够帮助印刷和纸品加工企业为每次印刷任务及时而定量地提供油墨。

②每份订单的供给量更加精确。过去，因为担心许多偶然因素会导致油墨的消耗量超出预算，订购的油墨总是多于实际的需要。采用自动油墨分配系统后，需要油墨时，只需计算机简单操作就可以追加配墨。

③质量稳定。自动分配系统重复精度极高，能够轻松处理重复订单。这样需调整颜色的机会及产生的废品概率大大减少，因此油墨库存量得以进一步减少。

此外，配墨房应在色彩管理、测量颜色、仪器、颜色匹配的步骤、打样、油墨混合、调节容差等方面做好印刷前的管理和提升配墨房技术工艺水平，以提高印前油墨管理水平，保障后期印刷质量和降低总体成本。

5.2 过程控制技术

5.2.1 润版液循环过滤技术

润版液废液中含有油墨、酒精、添加剂等物质，属于有机溶剂类废弃物。初步测算，一台对开四色胶印机每周润版液废液排放量为 100～120 kg。润版液废液对环境污染较大。如果能够实现润版液回收利用，将有效减少废液排放，减少水资源消耗，降低环境污染。

润版液循环过滤系统由废液预处理装置、过滤系统、废渣处理装置等组成。润版液循环过滤系统与印刷机水斗槽和水箱连接，通过循环回路和控制系统，在预处理装置通过 1 μm PP 棉滤芯初级过滤，在过滤系统中采用 0.5 μm PP 棉滤芯实现润版液废液再次过滤处理。过滤后的润版液通过循环回路继续用于印刷生产，过滤产生的废渣可通过废液浓缩处理后由专业机构进行回收处理。通过润版液循环过滤处理可有效减少润版液废液排放，降低了印刷过程中废液排放。

5.2.2 计算机制版技术

计算机制版技术也称 CTP 直接制版技术，适用于平版印刷、凹版印刷、凸版印刷的制版工序。CTP 直接制版机一般分成内鼓式、外鼓式、平板式和曲线式四大类，其中使用的最多的是内鼓式和外鼓式（图 5-6）。CTP 制版技术具有以下几个优点：①与传统分色胶片制版技术相比，无须胶片制作及传统晒版工序，缩短印版准备时间，充分提高效率；②优化网点控制，实现精品印刷；③不产生胶片处理的显影废液和定影废液。

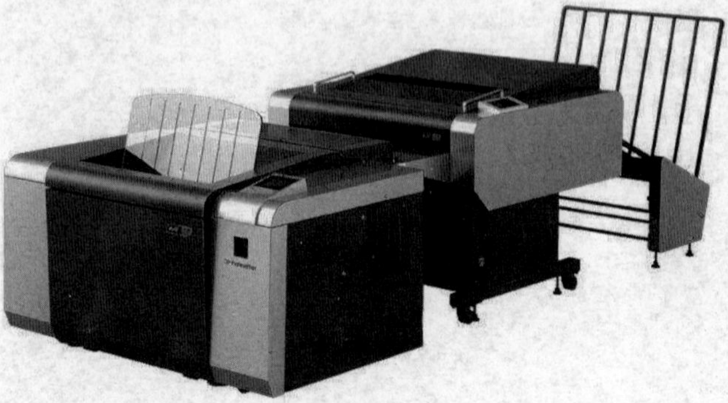

图 5-6 CTP 制版机及冲版机

5.2.3 废显影液浓缩技术

印刷行业中使用显影剂主要进行印刷显影、抗蚀图形显影，废显影液属于《国家危险废物名录》中的感光材料废物。废显影液浓缩技术适用于平版印刷制版工序废显影液的减量化处理。平版制版工序中产生的废显影液，通过中和絮凝、压滤、电解等工艺，进行净化、分离与浓缩处理，废显影液产生量可减少 50%以上。

5.2.4 冲版水过滤循环技术

印刷企业多采用计算机直接制版后进行印版显影，当印版显影的工作完成后，印版上会残留部分显影液及杂质，这些残留物会破坏图文部分的印刷效果，造成印版耐印率下降，影响印刷产品质量和生产效率。因此印刷企业每天需要使用大量的自来水对版材进行冲洗，清除印版上的各种残留物。该技术适用于平版印刷制版工序产生的冲版废水的循环利用，可节约冲版新鲜水用量，降低废液产生量（图 5-7）。

图 5-7 冲版水过滤循环机

5.2.5 橡皮布自动清洗技术

印刷机的印版和橡皮布清洗工作由人工完成，人工清洗胶版一般采用专用清洗溶剂，这些清洗溶剂挥发出一定浓度的 VOCs。在印刷机引入自动清洗橡皮布装置（图 5-8），不仅可减少停机清洗橡皮布的时间，而且还可减少橡皮布清洗剂的使用量（20%～30%），降低 VOCs 排放量（20%～30%），减少废液和固体废物产生量，提高清洗效率。

图 5-8 自动洗橡皮布装置

5.2.6 集中供墨系统

油墨是复杂的化学混合物，其成分随组分（油、树脂、溶剂等）、干燥方式（吸收、挥发、氧化聚合、辐射固化等）和印刷工艺而有所不同。为了降低油墨的损耗及减少油墨在不同印刷机的存放量，应考虑设置集中供墨系统，把油墨进行集中处理（图 5-9）。集中供墨系统不但可减低 VOCs 的排放，更可减少因人工加墨造成的潜在浪费。

图 5-9 集中供墨系统

5.3 末端治理技术

VOCs 治理过程中有机废气的处理方法种类繁多、特点各异，须针对有机废气的种类、可去除效率等情况进行综合考虑，常用的有吸附法、光氧催化法、催化燃烧法等。

5.3.1 吸附法 VOCs 治理技术

吸附法利用吸附剂与污染物（VOCs）进行物理结合或化学反应将污染物去除，适用于中、低浓度 VOCs 治理。该技术利用吸附剂（活性炭、活性碳纤维、分子筛等）吸附废气中的 VOCs 污染物，使之从废气中分离，简称吸附技术，主要包括固定床吸附技术、移动床吸附技术、流化床吸附技术、旋转式吸附技术。常用的吸附技术为固定床吸附技术和旋转式吸附技术，优点是普适性高、易操作；缺点是不适用于高浓度、高温、高湿有机气体，吸附材料需要定期更换。

常用吸附剂有活性炭和分子筛。活性炭对水吸附性很强，如果湿度大于 60% 则不适合使用，沸点高于 120℃的废气也不适用，易发生燃烧或爆炸危险。分子筛经过人工改性可以提高疏水性，并增强对指定 VOCs 的去除效果，耐高温性比活性碳好。吸附技术的 VOCs 去除率随吸附剂使用时间而变化，一般为 30%～90%。

（1）固定床吸附技术

该技术适用于凹版印刷、凸版印刷及干式复合工艺废气的治理。吸附过程中吸附剂床层处于静止状态，对废气中的 VOCs 污染物进行吸附分离。印刷工业一般使用活性炭作为吸附剂。应根据污染物处理量、处理要求等定时再生或更换吸附剂以保证治理设施的去除效率。入口废气颗粒物浓度宜低于 1 mg/m^3，温度宜低于 40℃，相对湿度（RH）宜低于 80%。若废气中的污染物易在活性炭存在时发生聚合、交联、氧化等反应，不宜采用活性炭吸附技术。该技术的技术参数应满足《吸附法工业有机废气治理工程技术规范》（HJ 2026）的相关要求。活性炭吸附材料通过解吸而循环利用，脱附的 VOCs 可通过冷凝技术进行回收或通过燃烧技术进行消除。

（2）旋转式吸附技术

该技术适用于工况相对连续稳定的凹版印刷、溶剂型凸版印刷及涂布工艺产生的无组织废气或混合废气收集后的预浓缩。吸附过程中废气与吸附剂床层呈相对旋转运动状态，对废气中的 VOCs 污染物进行吸附分离，一般包括转轮式、转筒（塔）式。印刷工业一般使用分子筛作为吸附剂，用于低浓度 VOCs 废气的预浓缩，脱附废气一般采用催化燃烧或蓄热燃烧技术进行治理。入口废气颗粒物浓度宜低于 1 mg/m^3，温度宜低于 40℃，相对湿度（RH）宜低于 80%。该技术的技术参数应满足 HJ 2026 的相关要求。

5.3.2 燃烧法 VOCs 治理技术

（1）热力燃烧技术

该技术适用于印铁制罐的涂布烘干工序废气的治理。该技术采用燃烧的方法使废气中的 VOCs 污染物反应转化为二氧化碳、水等物质。该技术产生的高温废气宜进行热能回收，并用于烘干工序。该技术的 VOCs 去除率通常可达 95%以上。

（2）蓄热燃烧技术

该技术适用于溶剂型凹版印刷、干式复合及涂布工艺烘干废气的治理。采用燃烧的方法使废气中的 VOCs 污染物反应转化为二氧化碳、水等物质，并利用蓄热体蓄积燃烧产生的热量，再加以利用。印刷工业采用的典型治理技术路线为“旋转式分子筛吸附浓缩+RTO”和“减风增浓+RTO”。印刷或涂布工艺产生的无组织废气收集后，宜采用吸附技术进行预浓缩，再经 RTO 治理。两室 RTO 的 VOCs 去除效率通常可达 90%以上，多室床式或旋转式 RTO 的 VOCs 去除效率通常可达 95%以上。非连续生产工况下或入口废气浓度水平波动较大时，采用该技术治理废气的能耗会增加。中大型企业较适合采用该技术，通过余热回用可减少运行费用。

（3）催化燃烧技术

该技术适用于凹版印刷及溶剂型凸版印刷工艺废气的治理。在催化剂作用下，废气中的 VOCs 污染物反应转化为二氧化碳、水等物质。该技术反应温度低、不产生热力型氮氧化物。印刷工业采用的典型治理技术路线为“活性炭吸附/旋转式分子筛吸附浓缩+CO”和“减风增浓+CO”。CO 的 VOCs 去除率通常可达 95%以上。当废气中含有硫化物、卤化物、有机硅、有机磷等致催化剂中毒物质时，不宜采用此技术。该技术的技术参数应满足《催化燃烧法工业有机废气治理工程技术规范》（HJ 2027）的相关要求。

5.3.3 冷凝法 VOCs 治理技术

该技术适用于凹版印刷及干式复合工艺废气的治理。冷凝法是利用不同物质在不同温度下具有不同饱和蒸汽压这一性质，采用降低系统温度或提高系统压力的方式使处于气体状态的 VOCs 冷凝，并从混合的气体中脱离出来。冷凝法适用于回收浓度大于 25 mg/m^3 的有机废气，在一定的温度下，VOCs 的原始浓度越大，去除率越高。冷凝法不适宜处理低浓度的有机气体（尤其当 VOCs 的原始浓度＜25 mg/m^3 时），常用于配合其他处理方式，作为净化高浓度废气的前处理，以降低有机负荷，回收有机物。印刷工业采用的典型治理技术路线为“活性炭吸附+热氮气再生+冷凝回收”。该技术的 VOCs 去除率通常可达 90%以上。采用该技术能够产生经济效益，溶剂使用量越大，经济效益越明显。

5.3.4 其他 VOCs 治理技术

（1）光催化氧化技术

该技术工作原理就是利用特制的高能高臭氧 UV 紫外线光束照射废气，裂解工业废气，使有机或无机高分子恶臭化合物分子链，在高能紫外线光束照射下，降解转变成低分子化合物，如 CO_2、H_2O 等。紫外线光束分解空气中的氧分子产生游离氧，即活性氧，因游离氧所携正负电子不平衡所以需与氧分子结合，进而产生臭氧。臭氧对有机物具有极强的氧化作用，工业废气利用排风设备输入到净化设备后，净化设备运用高能 UV 紫外线光束及臭氧对工业废气进行协同分解氧化反应，使其降解转化成低分子化合物、水和二氧化碳，再通过排风管道排出室外。光催化反应主要在催化剂表面进行，借助半导体光催化剂对一定波长内的光响应性能进行反应，利用光子的作用，改变还原反应和氧化反应。常用的光催化氧化催化剂一般为二氧化钛，利用二氧化钛进行光催化时，二氧化钛接受特定波长的光子后，对其全部吸收，产生带有负电的光生电子，与吸附在表面的物质发生化学反应。

（2）等离子体技术

等离子体技术是在强电场下，气体放电形成高能电子、离子、激发态原子及自由基，最终形成各级激发态氧等离子体和臭氧，作用于 VOCs，将其氧化、离解成 CO_2、CO、H_2O 等小分子物质。该方法适用于低浓度（通常 VOCs 浓度＜500 mg/m^3）、大风量有机物净化，也可净化室内空气。优点是可低温去除 VOCs、运维容易、装置简单、开启方便；缺点是电源决定电子能量和最终处理效果，废气要预处理，并注意放电安全。VOCs 去除率为 50%左右，一般情况下应根据废气浓度、流量、特征污染物种类、去除率要求选取合适的处理技术或技术组合，同时还应综合考虑设备成本、运行成本和维护成本等因素。

（3）臭氧催化氧化法

臭氧是一种具有强氧化性的气体，臭氧单独降解 VOCs 反应速率较慢，并且具有选择性。与单独臭氧氧化相比，结合催化剂使用的臭氧催化氧化技术是一种高级氧化技术，能够降解废水中难降解的 VOCs。该技术在气体污染物治理方面近几年刚刚引发学者们的关注，已经成为废气处理领域的研究热点。有学者研究制备了 NiO/Y—Al_2O_3 催化剂对芳烃进行臭氧催化氧化处理，结果表明当 NiO 的负载量为 15%、煅烧温度为 550℃时，催化剂对芳烃的去除效率可以达到 84%。Chuan 等制备的纳米铁氧化物催化剂，在温度为 120～180℃，臭氧催化氧化处理甲苯的降解效率可以高达 90%以上。

（4）生物法 VOCs 治理技术

挥发性有机物（VOCs）等有毒有臭味废气，经专管集中导入至生物过滤器进行净化和降解废气中的污染物质。生物过滤器内的填料在预处理时，与菌种混合，经培养使得填料上附生着大量的微生物，并形成生物膜。生物膜中的微生物以废气中的污染物为养料得以生长繁殖，同时又对 VOCs 进行生物分解及脱臭处理，将其降解成为 CO_2、H_2O 后再排出，从而达到净化废气的目的。高效生物过滤器是废气生物净化的关键，高效生物过滤器的关键是净化器内的生物菌种的选择、生物填料的选择以及高效生物膜形成：高效菌种需要是能够处理含硫化物、VOCs 等废气的生物菌种，并使培养出的生物膜可以自身繁殖代谢，自我更新，无须添加菌种；高效生物填料需要填料表面积大、耐用、亲水性好，可使用 5～10 年甚至以上；生物膜技术需要将微生物菌种固定在高效生物载体上，由多种菌种形成一种复合体系。

（5）膜技术

膜技术是一种新型高效分离技术，装置的中心部分为膜元件，常用的膜元件为平板膜、中空纤维膜和卷式膜，又可分为气体分离膜和液体分离膜等。气体膜分离技术利用有机蒸汽与空气透过膜的能力不同，使二者分开。该法已成功地应用于许多领域，用其他方法难以回收的有机物，用该法可有效地解决。目前，我国采用膜分离法回收 VOCs 尚处于起步阶段，距实现工业化应用还有一段距离。

5.3.5 金属印刷（印铁）清洗废水处理技术

金属印刷（印铁）印刷预处理工序产生的清洗废水，一般采用“化学混凝沉淀+气浮+生化法”进行处理。乳化液废水应通过酸化破乳进行预处理，降低其 COD 后再进入综合废水处理系统。

5.3.6 水性油墨印刷清洗废水处理技术

水性油墨印刷清洗工序产生的清洗废水，一般采用物化法和生化法进行处理。物化法主要包括混凝、吸附、膜处理等，生化法主要包括活性污泥法、水解酸化等。

5.3.7 固体废物资源化利用技术

印刷生产中产生的废纸、废塑料、废金属等一般固体废物，属于可再生资源的宜由有资质的机构回购并进行再生利用，回收利用比例宜大于等于98%，可产生经济效益。

5.3.8 危险废物安全处置措施

印刷生产中产生的危险废物，应委托有资质的单位进行处置，以满足《危险废物贮存污染控制标准》（GB 18597）和《危险废物转移联单管理办法》等标准和文件的要求。

5.3.9 噪声污染治理技术

企业规划布局宜使主要噪声源远离厂界和噪声敏感点。由印刷生产设备和辅助设备的振动、摩擦和撞击等引起的机械噪声，可采取减振、隔声措施，如对设备加装减振垫、隔声罩或将某些设备传动的硬件连接改为软件连接；车间内可采取吸声和隔声等降噪措施；对于空气动力性噪声，可采取安装消声器等措施。

6 印刷清洁生产技术及企业应用案例

6.1 印刷行业清洁生产技术案例

6.1.1 包装印刷无溶剂复合技术案例

（1）背景简介

某公司印刷工艺流程为：

放卷→供胶→涂胶→复合→收卷→固化→（后加工）最大材料宽度 500～1 050 mm，最高生产速度 300～400 m/min，涂胶量 0.8～2.5 g/m^2，涂胶精度±0.1g/m^2，混胶比精度±1%，成品率不低于 98%。

无溶剂复合全部工艺在低温或常温（35～45℃）下完成，而干式复合则需要较高的温度环境（60～100℃）。每台（套）无溶剂复合设备每年耗电 6 万 kW·h，传统每台（套）干式复合设备每年耗电量 35 万～40 万 kW·h，因此无溶剂复合设备耗电量只占传统干式复合设备的 1/6，节能显著。无溶剂复合使用多辊涂布，胶层薄，涂胶量小（只有溶剂型干式复合的 1/2～1/3），涂胶成本因此也明显低于溶剂型干式复合。

（2）投资费用

工程规模：5 000 m^3/h VOCs 废气治理。工程基础设施建设投入少，仅需占地 50 m^2，设备投资总额为 80 万元。

单位投资成本：无溶剂复合机 80 万～160 万元/台（套）；生产场地 100～500 m^2；人员培训 5 万元/组，2 组/条线；耗材 2.5 万～3.0 万元/t（胶黏剂）。

投资回收期为 6 个月。

（3）污染防治效果和达标情况

VOCs 减排可达 99%以上。

6.1.2 平版印刷零醇润版洗版技术案例

（1）背景简介

“零醇类平版印刷系统”在原系统上进行了平滑技术改造，对核心红圈内的墨路系统不做任何改动，只更换水路系统的 4 根辊，同时增加一个水路循环水箱装置。采用亲水性材料制作计量辊、串水辊、着水辊及水斗辊，仅用水即可完成平版印刷的润版和洗版过程，无须添加酒精、异丙醇及其他醇类、醚类物质。印品质量和生产效率不低于传统技术。技术原理见图 6-1。

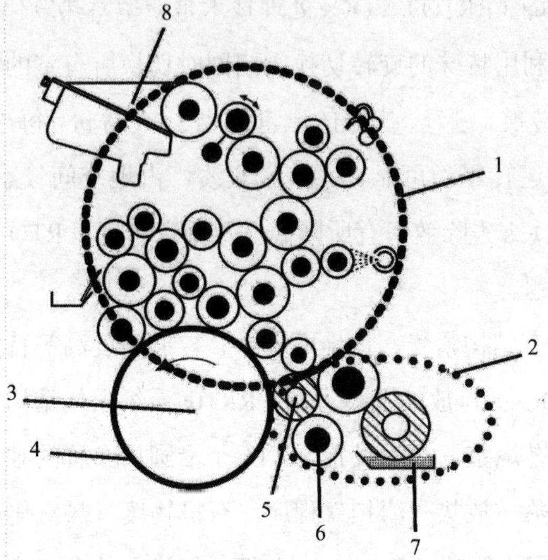

1. 油墨施加系统；2. 润版水施加系统；3. 印版滚筒；4. 印版；
5. 润版水辊筒； 6. 串水辊； 7. 润版水源；8.油墨源

图 6-1 平版印刷零醇润版洗版技术原理

（2）投资费用

投资费用 160 万元，年运行费用 35 万元。适用于包装印刷行业平版印刷系统 VOCs 减排。

（3）污染防治效果和达标情况

无醇润版洗版可从源头减排 VOCs。设备安装“自来水胶印系统”后，完全没有使用异丙醇（IPA），产品色相稳定性极大提高且更容易控制，网点边缘锐化度及还原度也较改造前有明显提升，产品打样顺利，废品率有效下降，生产效率明显提高，废液排放减少，车间生产环境得到较大的改善，改造效果较好。废品率由技改前的 6.95%降低至技改后的 1.89%。IPA 和油墨用量也相应减少。无二次污染。VOCs 减排可达 98%以上，润洗版废液减排可达 87%以上。

6.1.3 转式蓄热燃烧净化技术案例

（1）背景简介

旋转式蓄热燃烧（RRTO）VOCs 处理技术是新型蓄热氧化技术，这种技术有 8～16 个蓄热室，利用特殊的旋转切换阀门同时切换所有室的状态，实现进气、反吹、出气的同步转换。进气、出气的风量分成 3～7 等份，每次仅切换其中一份，气流振荡小，设备运转平稳可靠。系统较紧凑，占地空间较小，解决两室 RTO 系统在换向期间 VOCs 去除效率有所降低以及两室和三室 RTO 在换向时的压力波动、流动不连续问题。

RRTO 技术具有结构紧凑、占地面积小、控制精度高等特点，是治理工业挥发性有机废气（VOCs）排放的发展方向。RRTO 系统主体结构为设置有蜂窝陶瓷蓄热体的蓄热室和燃烧室，一般设置 8～16 个沿圆周布置的独立蓄热室，每个蓄热室依次经历“蓄热—放热—清扫”程序。有机物废气热氧化产生的高温气体流经低温蓄热体时，蓄热体升温“蓄热”，并把后续进入的有机废气加热到接近热氧化温度后，进入燃烧室进行热氧化，使有机物转化成 CO_2 和 H_2O。净化后的高温气体，经过另一蓄热体，与低温蓄热体进行热交换，温度下降。自动控制系统控制驱动马达使旋转切换阀按一定速度和时序旋转，实现各个蓄热室“蓄热—放热—清扫”的循环切换。

主要设备见表 6-1。

表 6-1 主要设备目录

设备名称	数量	设备代号	备注
旋转型蓄热式热氧化器	1	RRTO	
北侧温度传感器	1	NorthTemp	高限控制温度
南侧温度传感器	1	SouthTemp	燃烧控制温度
旋转阀电机	1	RTO-M3	
旋转阀旋转计数传感器	2	—	
转阀旋转初始位传感器	1	—	
旋转阀抬升压力检测	1	LiftPressure	
废气风机	1	RTO-M1	
废气风机冷却电机	1	RTO-M4	
反吹风机	1	RTO-M2	
反吹风机冷却电机	1	RTO-M5	
燃气燃烧器	1	Burner	Eclipse（美国天时）
废气进风阀	1	WasterAirIn	
新风阀	1	NewAirIn	
集风箱温度传感器	1	JFTemp	
RTO 入口温度传感器	1	RTOInTemp	
RTO 入口压力传感器	1	RTOInPressure	
RTO 出口温度传感器	1	RTOExTemp	
RTO 出口压力传感器	1	RTOExPressure	
控制系统	1	RTO-MC	含控制面板（HMI）

（2）投资费用

以某公司 25 000 m^3/h 废气蓄热式燃烧工艺处理工程为例。设备投资 220 万元。系统开始运行时，使用燃气将蓄热室加热，后期热循环由废气氧化后释放的热量完成，不再添加燃气，燃烧消耗量为 150 m^3/年，费用约 525 元/年（天燃气按 3.5 元/m^3 计），全自动 24 小时无人值守，无须专职安排人员。

（3）污染防治效果和达标情况

当 VOCs 浓度达到 4 000 mg/m^3 进入正常运行时，可以不需要任何辅助燃料，达到节能环保目的；如 VOCs 浓度更高，还可以进行二次余热回收利用。该技术主燃烧器采用低 NO_x 燃烧器，防止二次 NO_x 生成。微正压设计，防止有害气体逸出炉体。稳定的氧化热力场，采用陶瓷纤维棉，导热系数小，热损小。

该技术适用于印刷、新型材料、涂布、农药中间体、石油化工等 VOCs 治理。

6.1.4 基于活性炭吸附的浓缩—催化燃烧技术案例

（1）背景简介

活性炭具有多孔结构，依靠分子引力和毛细管作用，吸附气体中的 VOCs，并根据吸附物沸点高低，通过热空气脱附，并联合催化燃烧技术。当联合催化燃烧技术时，本系统可以根据生产工艺设定单床或多床。间歇性生产一般采用单床工艺（一用一备），连续生产则采用多床工艺。当气源浓度高时可直接旁通至催化燃烧室。主要设备包括活性炭床、主风机、电加热器、催化燃烧炉、中效过滤器、烟囱等。采用 PLC 自动控制系统，也可以根据现场情况实现手动控制。活性炭床、催化燃烧室有温度与压力传感器，通过温度、压力的参数变化信号来达到自控尾气氧化与自控联锁的安全保护功能，保证装置的正常运行。

主要技术指标见表 6-2。

表 6-2 活性炭吸附的浓缩—催化燃烧技术指标

规格型号	KTXF-10	KTXF-10	KTXF-10	KTXF-10	KTXF-10	KTXF-10	KTXF-10
处理风量/（m^3/h）	1 000	2 000	3 000	5 000	7 000	8 000	10 000
活性炭填充量/（kg/塔）	100	200	200	400	500	600	750
电机功率/kW	2.2	5.5	7.5	15	22	30	45
设备总重量/kg	2 300	3 000	3 500	4 000	6 500	8 500	9 600

（2）适用范围

适用于治理喷漆、包装、印刷、机械、化工及生产过程产生的 VOCs。适用于大风量、低浓度的废气工况，特别适用于间歇作业工况。

（3）污染防治效果和达标情况

催化燃烧室仅需 15～30 min 升温至起燃温度，耗能仅为风机功率；安全可靠：活性炭床设备配有阻火除尘系统、自动灭火系统，催化燃烧器配有防爆泄压系统、超温报警系统；净化效率高：采用贵金属蜂窝陶瓷催化剂，空速高；余热可回用：余热可用于脱附气体升温，降低系统能耗；活性炭使用寿命 6 000 h 以上，催化剂 8 000 h 以上。

6.2 印刷企业清洁生产技术应用案例

6.2.1 A 公司清洁生产技术应用案例

2011 年 3 月，第一个绿色印刷标准《环境标志产品技术要求 印刷 第一部分：平版印刷》（HJ 2503—2011）由环境保护部正式批准实施，自此开始了全行业的绿色印刷产品认证。A 公司积极参与绿色印刷实施并获得十环产品认证，从原材料的选用到先进印刷工艺的采用，符合绿色印刷认证的要求，从源头到工艺过程均努力做到绿色生产。

（1）降耗减排技术措施

①采用 FSC 认证纸张。该公司建立了一套专门的 FSC 纸张管控体系。当客户有需求时，确保白卡纸、灰板纸、牛皮纸、箱板纸、瓦楞原纸等五大类常用纸张能够实施FSC认证纸张专项采购和使用，并逐渐增加通过FSC认证的纸张使用量。

②使用卷筒纸分切设备。为胶印车间配备卷筒纸分切机，可以按各类印刷品幅面开度在分切机上按需裁切，避免了从市场上采购的常规纸张产生大小不一致的边角料，节约了物料成本。

③使用环保油墨和胶黏剂等。在生产过程中，胶印车间的卷筒纸及单张纸胶印机使用VOCs含量低于10%的低挥发性环保油墨和VOCs含量较低的UV油墨、LED UV油墨，水性上光油，免酒精润版液，植物淀粉喷粉，后道加工使用不含苯或二甲苯的环保胶黏剂。从2006年起即采用环保洗车水代替煤油清洗墨辊。

④安装LED UV固化装置。2017年引进了LED UV固化装置。与原有的金属卤素灯固化相比，在满足生产速度的前提下，经过1年左右试生产运行，降耗显著，对比见表6-3。从表中看，12 kW金属卤素灯更换为4 kW的LED灯，2个色组仅用1组LED UV灯，能耗降低约67%；灯管的使用寿命有相当大的增幅，两年之内一般不需要更换，减少了更新灯管的费用；采用水冷方式，减少了废气的排放；同时LED UV属于低温固化，增加了承印材料的使用范围。

表6-3 两种UV固化方式对比

类型	数量	功率/kW	灯管寿命/h	冷却方式
金属卤素灯固化	2	12	1 000	风冷
UV固化	2	4	20 000	水冷

⑤采用中央供气系统。引进22 kW螺杆式中央供气系统带干燥系统，取代了原来6台5.5 kW复盛活塞式单体空压机，总输出功率下降超过30%，节约用电量20%～30%，两年能收回改造成本。此举不但降低了能耗，提高了空压机的利用率，同时提供了更干净、更稳定的压缩空气，也使得印刷机上电磁阀的更换数量大幅减少，同时还降低了车间噪声。

⑥使用润版液过滤循环系统。实行润版液统一配置，设备增加了润版液过滤循环系统，达到如下效果。

○ 去除润版液中混入的质粉、油墨等杂质，过滤后的润版液完全符合印刷要求，实现循环利用。

○ 保证了印刷水质的清洁，减少油墨的过度乳化，提高了印刷品质的稳定性。

○ 减少90%的新鲜水用量，延长了润版液的更换周期，由原来的每2周更换变为每3个月更换，节省了每次清洗水箱的工时，大幅减少了润版液的浪费和废水的排放。

○ 持续使用过滤循环系统，保证了整个水路系统（如水辊、水槽等）的清洁，大大降低了印刷机的整体维护成本和时间。

⑦免酒精润版液的使用。目前一般的胶印工艺中，为降低溶液表面张力，确保印版表面水膜的质量，润版液需要添加百分之几的异丙醇。现代胶印机上普遍采用的是酒精润版系统，而公司在已安装的3台海德堡单张纸印刷机和4台卷筒纸印刷机机组上全部采用免酒精（异丙醇）印刷工艺，每年异丙醇使用量大幅减少，达到了环保和节约的效果。表6-4是根据公司ERP系统领用酒精及润版液的记录统计的消耗成本，其中润版液添加比例为3%，酒精添加比例为13%，免酒精润版液添加比例为4%。

表6-4 2017年胶印车间润版液及酒精使用成本

项目	月平均用量/kg	单价/（元/kg）	小计/（元/月）	全年费用/元
酒精	1 106	8	9 180	110 158
原润版液	196	23	4 508	54 096
原来成本合计	—	—	13 688	164 254
现免酒精润版液	260	35	9 100	109 200
年节约成本/元	55 054			

从成本上来看，使用免酒精润版液，胶印车间年均可节省成本55 054元，节约比例达33.5%，具有良好的经济效益。

从安全上来看，由于酒精（异丙醇）是易燃品，地方安监局对其仓储条件和库存数量都有严格的限制和要求，必须放置在专门的防爆箱内。采用免酒精润版液对改善车间生产环境有巨大的促进作用，同时也符合生态环境部重点推进的绿色印刷认证工作加分范畴，值得在胶印及轮转车间印刷机台推广使用。

⑧印刷飞墨、车间废气环节的设备改造。为了控制印刷过程中的飞墨现象，以及印刷车间的空气污染，采取了如下措施。

○ 印刷机各色组的墨路、水路防护罩，全部改造为封闭式，减少飞墨量。

○ 在印刷机各色组正上方安装局部排风罩，收集印刷过程中的挥发性有机化合物废气，通过排风系统排到车间建筑物顶部的专门废气处理系统。

○ 利用安装在排风系统末端的活性炭纤维吸附脱附有机废气净化装置，进行车间废气的治理。

根据第三方检测公司的环境检测报告，改造后的印刷车间废气去除率在80%以上，甲苯去除率在95%以上，苯、甲苯、二甲苯的排放浓度仅为《大气污染物综合排放标准》（GB 16297—1996）最高允许排放浓度的2%，同时也保持了机器设备的整洁美观。

⑨晒版车间的设备改造。针对晒版过程中的主要污染物，如软片、胶水中的甲苯等，制订了相应的降耗减排措施。

○ 采用柯达 CTP 技术，减少中间生产环节，如制版软片输出、显影、定影和晒版等步骤，大大减少了含银和苯等对人体和环境危害较大的废液排放，也减少了紫外光对人体的伤害，减少了空气污染，改善了工作环境。

○ 对废显影液和冲版水组成的印前废水，使用低压蒸馏浓缩技术，实现水循环使用，减少80%以上的液体危险废物产生。

（2）废水排放及固体废物处理

虽然胶印车间选用了环保材料、环保油墨、免酒精润版液，但是在清洗印版和橡皮布时，还会产生极少量润版废液和洗车水废液，不能与生活污水一起排放。公司考虑到生活污水可生化性好的特点，决定重新改造污水处理池，采用低能耗、低运行费用、低基础建设费用、占地面积小、操作管理稳定方便的处理工艺——接触氧化污水排放工艺。经上海市浦东新区环保部门检测，处理后的废水稳定达到《上海市污水综合排放标准》（DB 31/199—2018）的二级排放标准。

接触氧化污水排放工艺原理是，通过预处理沉淀的生产污水与调节池内的生产废水一起进入水解酸化池，在池内的反应分为水解酸化阶段和产氢产乙酸阶段。水解酸化池出水进入接触氧化池，利用罗茨风机提供好氧微生物赖以生存的溶解氧，以保证池内的好氧微生物正常生长；厌氧微生物将废水中的污染分解，产生气体，使生物膜脱落，这些脱落的生物膜随着水流一同排至竖流沉淀池进行泥水分离；污泥池内的污泥定期由环卫部门外运处理，竖流沉淀池的清水达标排放后进入下水管网。此外，胶印车间产生的化学废料、废纸、空油墨罐、吸附饱和后的活性炭、擦机布等固体废物，统一由有资质的第三方供应商定期回收，妥善处理。

6.2.2 B 公司清洁生产技术应用案例

在绿色印刷引领产业转型升级发展的战略背景下，B 公司考虑成本投入的同时，通过技术工艺、原辅材料选择及生产流程管理等方面的提升，做到生产原辅材料符合环保标准，且生产排放尽可能不对环境产生影响，保障工人的身体健康。B 公司胶印实施了绿色环保及工艺改造更新，从印前制版、印刷生产工艺及废弃物处理等环节分享相关的实践经验。

（1）制版环节绿色环保工艺

制版是实施绿色印刷的首要环节。目前，胶印制版最为环保的是免冲洗制版，制版过程中不会产生废液。但由于免冲洗版耐印力较低且成本相对较高，这种制版方式仅用于短版中高档产品印制。而对于其他的胶片晒版及 CTP 制版，在显影及冲洗印版过程中会产生对环境有影响的显影液和清洗液等废液。这些废液属有毒有害物质，不能直接排放，一般情况下由制版部门统一收集后交由专业机构回收处理。鉴于这些废液总量比较大，且统一回收处理是按照重量付费（5 000 元/t），为降低制版废液回收处理环节的成本，公司投入 10 万元引进了显影液循环处理系统和制版废液浓缩系统。通过这种环保设备的处理，一方面实现了显影液在一定消耗量情况下的循环使用，另一方面则通过浓缩清洗废液浓度，实现清洗液中分离自来水的循环使用。据测算，使用显影液循环处理系统和制版废液浓缩系统后，制版部门显影液使用量同比下降了 20%，制版废液的处置成本下降了约 40%，仅一年时间就收回了系统改造投入。

（2）印刷环节绿色环保工艺

印刷环节是实施绿色印刷最重要的环节。绿色环保工艺的更新改造应用主要涉及免酒精润版液使用、润版液过滤循环使用、洗车水处理循环使用及集中供墨系统等环节。

①免酒精润版液的使用。绿色印刷认证要求润版液中醇类物质检出量严格控制在标准值以下。为此，公司在印刷生产环节采用了成本相对较高的免酒精润版液，实现了印刷生产过程中醇类物质的“零”添加。尽管免酒精润版液的使用对水箱温度和水墨平衡区间控制的要求较高，但通过近几年的实践应用及经验总结，印刷机台已经完全掌握了免酒精润版液使用工艺。通过免酒精润版液的使用，印刷车间较原来使用润版液及酒精的总成本下降了30%以上。

②润版液过滤循环使用。润版液在生产使用过程中，需要不断补充新的润版原液，来保证电导率和 pH 符合生产要求，同时还需要通过制冷系统将温度保持在 10℃左右以减少挥发。此外，印版上的纸毛、纸粉及乳化浮墨，会通过水辊传递到润版液水箱中，影响生产稳定性和产品质量。因此，印刷机台通过控制水箱温度减少润版液挥发，同时优化了润版液过滤除杂质工艺，定期更换水箱过滤网，去除循环润版液中的纸毛、纸粉及乳化浮墨等物质，大大延长了润版液在连续生产情况下的更换周期，最大限度地减少了润版废液的产生，有效压缩了润版液的成本。

③洗车水循环使用。印刷生产过程中，清洗橡皮布及墨辊需要使用水溶性洗车水，而洗车水也是生产成本中不可忽略的组成部分。为控制洗车水的使用成本，印刷车间加强了洗车水的统一回收管理，并利用专用水油分离过滤设备，自行研发了“单张纸印刷机废弃洗车水循环再利用系统”。该项目投资 2 万元，实现了部分印刷洗车水的循环使用，还获得了该市职工创新项目资金资助。系统运营以来，每年可以为企业节省近 10 万元洗车水成本。

④中央供墨系统的应用。油墨在印刷生产中所占成本比例较大。为便于印刷操作使用，油墨一般按照不同的重量规格封装在墨罐中。按照目前环保管理规定，

墨罐属于危险废物,需要具备资质的回收商定向回收处理(处理费用为1.5万元/t)。为减少油墨罐处置及小墨罐盛装带来的浪费及成本支出，公司与油墨供应商达成合作，由油墨供应商免费提供中央供墨系统，并根据油墨种类不同提供不同重量规格的大罐装油墨。如商业轮转机使用的热固化油墨为2 t装的密封罐规格，单张纸印刷机使用的油墨为200 kg装的大桶规格，由此，除了印制专色需要使用小罐装油墨外，常规的四色油墨全部使用大罐装。一方面，使用中央自动供墨系统代替了人工挑墨的工作，为单张纸印刷设备“两人一机”降低成本创造了条件；另一方面，大罐装油墨减少了固体废物的产生，最大限度控制了小罐装油墨的污染及墨罐处置的成本支出。

（3）装订环节绿色环保工艺

装订环节的绿色环保生产工艺排放控制，主要集中在覆膜工艺和胶装热熔胶使用方面。对于覆膜工艺，由于装订车间原来使用的是即涂覆膜工艺，存在排放超标及影响安全生产（加热复合时易发火灾）的情况。根据绿色印刷认证要求，装订车间全部改用更为安全环保的预涂膜覆膜工艺。尽管预涂膜成本较原来增加了20%左右，但改进工艺后，产品质量和生产效率有了较大提高，基本上消化了使用预涂膜而增加的成本，同时也使生产排放完全符合相关标准。胶装热熔胶在受热及冷却过程中会有挥发性气体释放，若热熔胶材料不符合环保要求，会使得生产过程释放影响环境的气体，同时产品中还会不断释放出不符合要求的残留气体。为此，企业根据绿色印刷认证要求，采用符合认证标准要求的热熔胶替代原来使用的热熔胶，采购成本较原来上涨约10%；同时，考虑到产品背胶强度问题，为确保胶装图书拉力检测合格，企业通过生产工艺优化提高背胶胶水的厚度，也延长了成品开放式堆放挥发的时间，实现了生产现场环境采样的检测结果和产品检测符合绿色印刷标准。从装订车间实施绿色印刷的整体情况来看，随着绿色环保的预涂膜材料及热熔胶材料使用及工艺转换，装订生产成本较原来增加了约10%左右。

（4）印刷 VOCs 处理排放及生产环境改造

生产环境及生产过程的排放是环保部门最为关注的环节。为此，企业从印刷工序 VOCs 排放治理、生产环境优化及排放检测控制方面增加了设备改造投入，确保了生产环境及生产排放达标。

①胶印车间 VOCs 的处理及排放。近年来，环保部门对印刷生产中 VOCs 排放管控日趋严格，甚至有些地方推出了禁止和限制印刷生产活动的政策，同时也要求印刷企业对印刷生产过程中产生的 VOCs 处理达标后外排。为此，公司印刷车间引进了紫外高级催化冷燃烧技术工艺设备，用于处理印刷生产过程中产生的 VOCs。该设备借助紫外光解、吸附氧化和催化氧化技术的结合，可有效处理印刷长时间连续生产中产生的中低浓度 VOCs。该设备主要是在印刷设备周边安装 VOCs 废气收集管道系统，然后再通过管道将废气集中输送进入 VOCs 处理装置进行处理，确保各工艺环节的废气得到有效收集和处理，经处理达标后排放。设备初始投入约 40 万元，每年更换活性炭、过滤网、紫外灯管等消耗件的运行维护费用约 3 万元。

②商业轮转印刷设备冷却水循环利用与空调送风系统。公司现有 4 台不同规格的商业轮转印刷机，配备一台大功率冷却水制冷设备。只要有商业轮转印刷设备启动，这台制冷设备就联动开机，存在制冷量富余的情况。而公司原有中央空调系统开机时每天的电费支出达 2 万元，成本非常高。为降低空调运行成本，同时有效改善生产车间环境，公司投入 50 多万元对原有空调系统做了改造，将商业轮转机运行时制冷设备产生的富余冷却水导入车间空调系统循环使用，实现了商业轮转机制冷设备和空调冷却水的共享使用，每年减少 30 多万元的空调电费支出。

③生产排放废气定期检测监控。公司现有 4 台商业轮转印刷设备均配置干燥烘箱，为确保烘箱使用的天然气完全燃烧并达标排放，商业轮转印刷机烘箱均配置了废气二次燃烧装置。根据环保部门要求，环保监测机构会不定期到公司生产现场监测生产排放情况，若监测发现不达标的情况，会根据情况开出整改通知或

处以罚款。为监控生产排放情况，公司每年定期邀请专业监测机构到生产现场对生产排放情况进行检测并出具检测报告，若发现问题及时整改，确保了现场监测达标。为此，公司每年用于生产排放检测的费用支出约 1.5 万元。

（5）生产过程中产生的废水及危险废物处理

尽管企业在生产各环节强化了绿色环保管控，但伴随生产而产生的固体废物、液体废物和循环使用后的废水却无法避免，而对固体废物及液体废物的处理和废水的排放也是环保部门监管的重点。企业对固体废物及液体废物的处理方面花费较高，液体废物的处理费用为 5 000 元/t，固体废物（危险废物）的处理费用为 1.5 万元/t。

①生产过程中废水的处理及排放。为确保环保部门对企业废水排放检测合格，公司根据各生产环节产生废水的特点引进了污水净化处理系统，污水经收集管道汇总到污水池，通过沉淀、过滤、除油污等环节后，完全达到排放标准。这套污水处理系统投资约 50 万元，日处理能力为 8 m^3，日常运行时需专人做好定期收集沉淀污泥、更换过滤网等工作。沉淀产生的污泥和更换的过滤网作为危险废物处理，运行成本支出计入危险废物处理环节。

②生产中固体废物及液体废物的处理。公司生产车间对产生的固体废物及液体废物的管理与回收有严格的规定：一是由生产部门对生产过程中产生的垃圾做好分类回收管理，尽量控制含油污的危险废物垃圾总量，尽可能减少因为垃圾分类不精细导致处理成本增加的情况；二是指派专人负责固体废物产生量较多的油墨桶更换及废墨监督管理工作，尽量督促生产车间提高油墨的有效使用率；三是对设备维修保养、制版、印刷及装订等环节产生的废液、废油、废抹布等统一集中管理，积累到一定量后由具备资质的专业处置机构回收进行无害化处理。据统计，公司每年处置固体废物、液体废物的成本支出近 100 万元。

6.2.3 C 公司清洁生产技术应用案例

C 公司自 2011 年成为首批获得绿色印刷认证的印刷企业之后，陆续升级改造了生产设备，引进了废气、废水等末端治理设施。C 公司的环境保护和污染治理措施主要体现在以下 4 个方面。

（1）源头削减，使用环保材料

C 公司早在 2011 年以前就从原辅材料方面逐步进行绿色化替代，如使用通过 FSC 认证的纸张占纸张总使用量的 2%以上，使用大豆油墨、植物淀粉喷粉、水性胶黏剂、水性光油等。近几年，又在原有成果基础上继续进行 VOCs 源头削减，如使用减酒精润版液、免酒精润版液、环保型洗车水等。通过以上措施，C 公司一年内减少了含 VOCs 原料的投入（约减少 VOCs 34 t），减少 VOCs 排放 16 余 t，节约环保成本 33 万余元。

（2）过程控制，减少 VOCs 产生

C 公司以 ISO140001 环境管理体系作为公司环境管理的基础；2011 年，率先实施并通过了绿色印刷认证；2013 年，实施并通过自愿性清洁生产审核；2016 年开始实施了以 VOCs 减排为重点的强制性清洁生产审核，目前正在审核验收阶段。通过绿色印刷认证和清洁生产审核，极大地提升了生产过程中的环境管理水平。在生产过程中，C 公司采用了中央供墨、中央供水、中央供气、自动清洗橡皮布、LED 照明系统等装置和色彩管理数字化工作流程，实施了增效减损项目、能源绩效考核、胶辊橡皮布定额管理、持续清洁生产制度，减少了加放量和调校时间、淘汰了高耗能电机、减少了 VOCs 无组织排放、升级了末端处理装置等（图 6-2、图 6-3）。通过一系列措施，可降低综合生产成本 120 万余元；清洁生产审核共产生 19 项无/低费方案、3 项中/高费方案，累计增加环境投入 208 万余元，每年可节约用电 7.5 万 kW·h，每年新增经济效益 151.47 万元，每年减少 VOCs 排放 21.53 t。

图 6-2 光氧催化等离子组合工艺废气处理装置

图 6-3 活性炭吸附+脱附催化燃烧废气处理装置

（3）末端治理——细化危险废物、废气、废水治理

C 公司成立了包含高层管理人员、各生产车间基层管理人员在内的环境治理小组，建立并优化《废弃物管理流程》，规范并监督员工日常环境行为，确保公司废弃物严格按照相关方要求进行分类储存、合规处置。在废气治理方面，引进活性炭吸附+脱附催化燃烧废气处理技术、光氧催化等离子组合工艺技术、二次燃烧

等VOCs末端处理技术，做好车间废气收集，保持车间微负压，保证收集效果和防止无组织逸散。目前C公司有组织排口检测数据显示，苯、甲苯及二甲苯合计和非甲烷总烃的排放浓度远低于《北京市印刷业挥发性有机物排放标准》（DB 11/1201—2015）中2017年1月1日起开始实施的第Ⅱ阶段标准要求，废气末端治理效果很好。设备旁的废气浓度降低了94.9%，车间门窗外废气浓度降低了92.7%。

在废水治理方面，通过废显影液、冲版水低温蒸馏处理循环使用，危险废物产生量减少了80%，使得印前制版几乎不消耗新鲜水。

6.2.4 D公司清洁生产技术应用案例

印刷企业实现绿色印刷，最直观的做法就是让涉及生产的设备、工艺、材料绿色环保，简单来说就是设备要低能耗、低污染，工艺要先进，材料要可降解、易再生。在印刷企业内部引入绿色印刷理念，并不是一句话或一个认证就能解决的，还必须形成一套行之有效的绿色管理体系，树立全员的环保意识，建立高效的清洁生产模式，落实好生产过程中的环境治理工作，形成良好有序的工作环境。D公司是集商业彩色包装印刷、出版物印刷及票据印刷为一体的综合性印刷企业，采用分区段实施各项治污措施的原则，让各工段从源头开始，制定相应的节能减排措施，使生产过程中的污染最小化。同时，其还结合公司的实际情况，从印前、印中、印后三个方面入手，全面启动了绿色战略，并通过不断改进，加速了企业绿色环保进程。

（1）印前多项措施并举

D公司在工艺改进方面投入大量的资金和精力，保证印前水平处在行业前列。

①引入先进印前制版系统，并不断改造，提高制版环节环保性。D公司较早引入了CTP系统，彻底摒弃了传统的CTF制版模式，减少了传统制版过程中废胶片、废液带来的污染。但CTP制版也要消耗大量的化学品和水，会产生大量的碱性污染废液。为此，D公司通过以下多种措施对制版环节进行了改造，使得印前生产过程中的废液量大大减少。

○ 更新显影设备。D 公司更新了原有的对开显影设备，并对原全张显影设备进行了改造，加配了旺昌机械工业有限公司 PiD-5000 智能显影系统，在保证印版网点正确还原的基础上，延长了显影液的使用寿命。经过此项改造，D 公司的显影液用量节约了 33%，显著缩短了显影设备的大保养周期，使废水大量减少，达到了印前生产增效、减污的目的。

○ 引入免冲洗版材。为了进一步提高印前生产的环保水平，D 公司还引入了免冲洗版材。但由于其存在耐印率较低、印版检查较困难的缺点，目前，D 公司仍无法全面推广使用该版材，但对于一些小批量印单业务，可以完全使用免冲洗版材，以有效减少显影废液的产生。

○ 采用显影废液处理机。D 公司引入了国内先进的显影废液处理机 WDT-400，对显影废液做进一步浓缩分离处理，减少约 2/3 的显影废液量，使印前的排污量降至最低。经分离处理后的再生水，经检测可达到国家污水排放三级标准。

○ 加装 CPS 洗版水循环净化机。针对 CTP 显影过程中产生的大量冲版水，D 公司加装了循环水处理装置 CPS 洗版水循环净化机，可将冲版水的利用率从原来的 1 张/30 升大幅提高至 350 张/30 升（一箱水通过三级循环过滤后可冲洗 3 000～4 000 张 CTP 版）。

②建立罗兰胶印机 Pecom 控制管理系统。随着 CTP 流程的深入使用，D 公司实现了印前生产数字化，同时建立了罗兰胶印机 Pecom 控制管理系统，形成了印前及印中数据控制体系，将印前的 CIP3 数据直接连入 Pecom 控制管理系统，使印前和印中的数据实现了对接，并为每一个印件建立了工单数据，提高了整个印刷过程的生产效率。如通过运用 CIP3 油墨预置数据，大大缩短了校版时间，减少了校版用纸量，在提高生产效率的同时节约了生产成本。

③建立色彩控制体系。在色彩管理方面，D 公司已经通过 G7 认证，建立了较为稳定的色彩控制体系。随着色彩管理工作的不断深入，公司色彩管理水平和机台彩色复制能力也将得到进一步提升。

（2）印中持续改进生产

①改造印刷设备。D 公司树立了高效、高质、低耗的企业发展思路，淘汰了一大批老旧、排放污染物多的设备，引进了多功能、多色组、能实现在线自动检测的高速印刷机及相关配套设备，大幅减少了印刷过程中产品的转序环节，降低了因生产环节过多而造成的纸张等原辅材料的浪费，减少了废弃物的产生，从而改善了公司的生产能力，提高了生产效率。

②集中按量供墨。在印刷过程中，废墨是较常见的废弃物，其主要是由于没有精准计算好油墨量，导致印刷完成后墨斗中残留油墨较多。针对这一问题，D 公司采取了以下措施：首先通过实验测试单位面积的油墨用量，并通过打样确定单位面积的油墨用量；然后在印前制版完成后，对各印版着墨区面积进行测算，并按产品的实际印数，测算出该印件的实际用墨量；最后，当印件工单下达到机台后，根据每台印刷机的不同，乘以不同的加成系数，计算出最终各色油墨的用墨量，由机长统一领取。这种做法不仅节约了用墨量，还避免了以往因缺乏管控措施而造成余墨，形成大量固体废物的现象。

③分类管理残留墨。D 公司对印刷车间产生的残留墨进行分类管理，按色相集中回收到不同的回收桶内，并按要求统一处理成再生墨，用于适宜印品的印刷。对于失效或带残渣的废墨，将其作为固体废物集中后交由专业的环保处理公司统一处理。

④加装润版液循环过滤系统。D 公司对印刷机台的润版系统加装循环过滤系统，该系统在对润版液的 pH、电导率、温度进行调节的同时，还能及时过滤印刷过程中产生的纸屑、纸粉、喷粉、油墨残物等杂质，保证机台润版液质量的稳定性，进一步延长了润版液的使用寿命，近乎实现了润版液的零排放。

⑤引入环保处理设备。对于每天产生的洗车水等生产污水，D 公司投入了专门的环保处理设备，对每天收集到的废液进行集中定期处理：对废液按要求的比例进行稀释，然后加入絮凝剂絮凝，接着进行分层处理，最后沉淀过滤后分离出絮凝固体废物，交由专业的环保处理公司统一处理。这个过程产生的再生水可循

环回流，用于对废液进行稀释。

（3）印后严格控制污染源

D 公司对印后生产的污染源进行排查时发现，印后产生的污染主要来源于胶黏剂等。对此，D 公司采取的绿色措施主要是加强对污染源的控制。针对糊盒工段的胶黏剂，公司要求需按糊盒数量，严格控制胶黏剂的发放，并对采用同类型胶黏剂的活件统一调度安排生产，减少因更换胶黏剂而造成的污染。又如，改善对胶辊的清洁程序，调整操作手法，用揩布先粗擦，再沾水细擦，改变以往大量水洗的做法，大幅减少了因清理胶辊而产生的废水。

绿色印刷，倡导的是一种高效、优质、低污的规模化生产模式。实施绿色印刷，除了要重视生产环节的绿色环保，更离不开全体员工的共同努力，只有在公司内不断地发动和宣传，才能在员工中逐渐形成绿色印刷的理念。D 公司从引入绿色印刷开始，就发动全体员工参与其中，并专门成立了绿色印刷领导办公室，从管理上保障绿色印刷的顺利实施。通过技术和管理的双效促进，绿色之花已经在 D 公司内开花结果。

参考文献

[1] 宁廷州，葛美芹. 智能印刷设备的历史回顾、发展现状及有效战略[J]. 包装工程，2019，40（19）：230-238.

[2] 潘晓东. 70 年，我眼中的印刷[J]. 网印工业，2019（7）：13-19.

[3] 林海. 印刷 国之瑰宝[J]. 印刷工业，2013（11）：54-55.

[4] 陶冶，朱冠艾. 宋代出版印刷管理及其历史地位[J]. 淮南师范学院学报，2017，19（1）：91-94.

[5] 张士鹏. 精雕细琢中华印刷文明[J]. 印刷工业，2011，6（8）：68-69.

[6] 唐莉. 中国古代印刷史研究进路探析（1949—2013）[D]. 北京：北京印刷学院，2015.

[7] 张树栋. 中国印刷历史研究的过去、现状和前景[J]. 印刷技术，1995（5）：39-40.

[8] 七十年沧桑巨变新时代重任在肩——新中国成立以来中国印刷业发展报告[J]. 今日印刷，2019（10）：11-18.

[9] 中国印刷业现状与发展前景[J]. 绿色包装，2019（2）：80-83.

[10] 李涯，罗曼・罗日可夫. 黯然失色的俄罗斯印刷业[J]. 今日印刷，2010（2）：40-43.

[11] 全球印刷包装市场概况[J]. 印刷技术，2019（6）：58-59.

[12] 刘蓓，白刘妍. 2018 年欧洲印刷行业发展现状及发展趋势[J]. 印刷技术，2019（6）：144-146.

[13] 卡马尔·乔普拉. 成长中的印度印刷业[J]. 印刷工业，2017，12（5）：43.

[14] 韩国印刷向全球进军[J]. 印刷经理人，2013（7）：104-105.

[15] 岳平原. 全球印刷业面面观[J]. 绿色包装，2017（10）：80-82.

[16] 行业数据[J]. 今日印刷，2019（11）：4.

[17] 李建军. 包装印刷行业 VOCs 管控政策与治理技术[C]. 中国感光学会辐射固化专业委员会. 2017 第十八届中国辐射固化年会论文报告集，2017：30-37，4.

[18] 陈大瑜. 包装印刷 VOCs 治理[J]. 绿色环保建材，2019（8）：25，27.

[19] 重点行业挥发性有机物（VOCs）削减技术示范应用案例.

[20] 李晓丹. VOCs 治理技术特性分析及典型行业 VOCs 治理技术选择建议[J]. 节能与环保，2019（3）：52-55.

[21] 崔建蔚. VOCs 光催化氧化技术在印刷行业中的应用[J]. 云南化工，2019，46（9）：142-143.

[22] 刘云. 北京新华印刷的 VOCs 减排与治理[J]. 印刷技术，2018（7）：6-9.

[23] 刘益民. 包装印刷行业节能优化及废气收集处理一体化案例[J]. 广东印刷，2019（3）：42.

[24] 唐文婷. 典型印刷企业挥发性有机物污染管控研究[D]. 上海：华东理工大学，2019.

[25] 陆豪. 臭氧催化氧化处理印刷 VOCs 研究[D]. 北京：北京化工大学，2018.

[26] 环保部发布包装印刷行业挥发性有机物（VOCs）污染防治先进技术[J]. 中国包装，2017，37（2）：8-9.

[27] 易建辉. 海中辉：印刷油墨的环保之路——UV 油墨的发展[J]. 印刷经理人，2018（11）：75.

[28] 韦征. 沸石转轮-催化氧化 VOCs 治理装置在包装印刷行业中的应用[J]. 上海化工，2019，44（9）：22-26.

[29] 萧子毅. 浅析印刷行业清洁生产技术应用[J]. 四川水泥，2015（9）：117.

[30] 胡新颖，李华帅. 浅谈印刷包装行业在绿色低碳方面的研究发展[J]. 今日印刷，2019（1）：50-52.

[31] 关杰，李锋，郭耀广，等. 某印刷厂有机废气治理工程案例分析[J]. 应用化工，2019，48（7）：1763-1766，1769.

[32] 马金涛. 绿色印刷技术对印前污染环节的影响及应用[J]. 中国印刷，2014（9）：65-69.

[33] 白家森，付芦静，胡垚坚，等. 印刷包装行业 VOCs 治理政策及技术研究[J]. 数字印刷，2019（2）：71-78.

[34] 高康宁，王浩杰，延雄华，等. 印刷行业有机废气排放控制措施探究[J]. 资源节约与环保，2019（1）：103，109.

[35] 代允. 印刷行业 VOCs 治理的工程实例分析[J]. 资源节约与环保，2018（7）：91-92.

[36] 陈森阳. 印刷行业 VOCs 排放控制与治理现状探究[J]. 厦门科技，2018（1）：17-20.

[37] 徐世垣. 环境管理体系能给印刷企业带来什么？[J]. 今日印刷，2013（3）：28-29.

[38] 丁一. ISO14001 与印刷业——ISO14001 环境管理体系是走向 21 世纪的通行证[J]. 印刷质量与标准化，2001（1）：20-21.

[39] 黎锋. 报业印刷企业污染排放治理探索与研究[J]. 中国报业，2015（20）：70-71.

[40] 窦德星，于宏兵，张艳芳，等. 包装印刷业 VOCs 污染特征分析[J]. 化工环保，2019，39（3）：342-348.

[41] 邱钰棋，任勇. 谈印刷业中 VOCs 污染现状及控制[J]. 山西建筑，2016，42（18）：195-196.

[42] 杨利娴，黄萍，赵建国，等. 我国印刷业 VOCs 污染状况与控制对策[J]. 包装工程，2012，33（3）：125-131.

[43] 吴芳. 出版印刷业现今所面临的问题[J]. 广东印刷，2004（4）：6-7.

[44] 刘文文，方莉，郭秀锐，等. 京津冀地区典型印刷企业 VOCs 排放特征及臭氧生成潜势分析[J]. 环境科学，2019，40（9）：3942-3948.

[45] 史沛芹. 浅谈凹版印刷工艺[J]. 今日印刷，2005（1）：76-77.

[46] 赵树文. 浅析书刊印刷企业可挥发性有机物来源及治理措施[J]. 中国印刷，2017（9）：64-67.

[47] 袁泉. 清洁生产在印刷行业 VOCs 处理中的应用[J]. 资源节约与环保，2016（6）：37，44.

[48] 周震，李密丹. 我国印刷业面临的环境污染问题的挑战[J]. 今日印刷，2003（6）：2-4.

[49] 邓拓宇. 广州市印刷行业挥发性有机物排放特征研究[J]. 环境与发展，2019，31（9）：117-118.

[50] 高康宁，王浩杰，延雄华，等. 印刷行业有机废气排放控制措施探究[J]. 资源节约与环保，2019（1）：103，109.

[51] 康启来. 印刷业发展中存在的问题[J]. 今日印刷，2018（6）：35-36.

[52] 刘益民. 包装印刷行业节能优化及废气收集处理一体化案例[J]. 广东印刷，2019（3）：42.

[53] 陈昌杰. 倡导水墨印刷　从源头上实现对VOCs排放的治理[J]. 上海包装，2019(2)：37-39.

[54] 马聪. 包装印刷行业 VOCs 废气排放控制与治理[J]. 环境与发展，2017，29（5）：79，81.

[55] 刘积英. 从源头入手，做好印刷企业环保治理工作[J]. 中国印刷，2017（7）：1.

[56] 任敬虎. 从末端治理向源头控制过渡，深入推进 VOCs 治理[J]. 印刷技术，2017(3)：18-19.

[57] 潘晓东. 发展绿色印刷关键在于把控住源头[J]. 中国印刷，2015（3）：44-46.

[58] 广东省环境保护厅. 广东省印刷行业挥发性有机化合物废气治理技术指南[Z]. 2013-11-12.

[59] 环保部发布包装印刷行业挥发性有机物（VOCs）污染防治先进技术[J]. 中国包装，2017，37（2）：8-9.

[60] 赵敏远. 凹版印刷车间 VOCs 治理方案设计及应用[D]. 济南：齐鲁工业大学，2018.

[61] 宋成龙. 中国绿色印刷产业发展战略研究[D]. 北京：北京印刷学院，2013.

[62] 深圳市印刷行业（出版物印刷）清洁生产技术指引.

[63] 四川省环境保护厅. 四川省印刷行业挥发性有机物控制技术指南[Z]. 2018-06-07.

[64] 张兴洋，伏阳，王露露，等. 印刷包装企业如何控制 VOCs 排放——末端处理和源头控制[J]. 印刷杂志，2017（7）：16-19.

[65] 陈晓屏. 印刷行业的清洁生产与 VOCs 防治[J]. 环境与发展，2018，30（8）：72-73.

[66] 本刊辑. 印刷企业从源头治理推进绿色印刷[J]. 广东印刷，2016（2）：13.

[67] 印刷业清洁生产方案[J]. 印刷杂志，2011（3）：20-24.

[68] 张黎丽. 印刷油墨废气先进治理技术对比研究[J]. 资源节约与环保，2018（4）：6.

[69] 乔俊伟，罗尧成. 中国柔性版印刷行业现状与发展前景[J]. 出版与印刷，2019（3）：1-8.

[70] 孟玫. 中国柔性版印刷行业典型案例分析[J]. 出版与印刷，2019（3）：9-11.

[71] 张立艳，程炳杰. 印刷包装材料行业利用催化燃烧法处理有机废气的案例研究[J]. 绿色科技，2011（11）：125-127.

[72] 水性油墨用于凹版塑料薄膜和纸品印刷案例分析[J]. 中国包装工业，2008（3）：12-13.

[73] UV 及复合印刷设备配置与应用案例[J]. 印刷技术，2007（34）：32-33.

[74] 马禾. 水性油墨凹版印刷案例分析[J]. 印刷技术，2007（Z1）：81-82.

[75] 马禾. 水性油墨凹版塑料薄膜印刷和纸品印刷案例分析[J]. 今日印刷，2007（9）：18-19.

[76] 热敏报业 CTP 成功案例（一）——菲律宾 FEP 印刷公司[J]. 印刷杂志，2002（7）：75.

[77] 冯小勤，李晓明. 印刷版材生产废水处理与清洁生产实践[J]. 印刷杂志，2012（9）：43-45.

[78] 向华，钟燕华. 绿色印刷之无醇润版液[J]. 印刷杂志，2011（3）：24-26.

[79] 杨月刚. 上海铁路印刷有限公司的绿色印刷实践[J]. 印刷杂志，2018（5）：17-19.

[80] 叶辉，亢晓. 胶印绿色印刷实施探究[J]. 印刷杂志，2018（5）：5-8.

[81] 王旭平. 出版印刷企业之绿色环保工艺及成本浅析[J]. 印刷杂志，2018（5）：13-16.

[82] 赵清阁. C 公司：践行绿色印刷 实现可持续发展[J]. 印刷技术，2017（10）：12-13.

[83] 吴龙苏. D 公司：全面启动绿色战略[J]. 印刷技术，2016（1）：27-29.

[84] 王利. D 公司：我国包装印刷行业现状和发展趋势[J]. 印刷技术，2019（6）：36-38.

[85] 全国印刷工业发展状况[J]. 印刷技术，2019（6）：60-65.

[86] 2017 年全国新闻出版业基本情况[J]. 印刷技术，2019（6）：109-112.